畅 / 销 / 修 / 订 / 版

淡定力

不浮躁的智慧

王琳 / 著　章岩 / 监制

天津出版传媒集团
天津科学技术出版社

图书再版编目（CIP）数据

淡定力：不浮躁的智慧 / 王琳著 . —天津：天津科学技术出版社，2010.10（2021.8 重印）

ISBN 978-7-5308-5517-1

I . ①淡… II. ①王… III. ①人生哲学—通俗读物 IV. ① B821-49

中国版本图书馆 CIP 数据核字（2010）第 190376 号

淡定力：不浮躁的智慧

DANDINGLI BUFUZAODE ZHIHUI

责任编辑：曹 阳

责任印制：兰 毅

出 版：天津出版传媒集团
天津科学技术出版社

地 址：天津市西康路 35 号 邮编 300051

电 话：（022）23332377

网 址：www.tjkjcbs.com.cn

发 行：新华书店经销

印 刷：天津旭非印刷有限公司

开本 710×1000 1/16 印张 15 字数 146 000

2021 年 8 月第 1 版第 2 次印刷

定价：59.80 元

序　淡是人生的真味，定是事业的保障

淡定，这两个字特别适合拿来作为人生的座右铭。

置身万丈红尘中，我们每天都面临着各种陷阱和诱惑。如何不迷失自我？如何笃定信念，并最终实现自己的人生理想呢？这就需要我们时刻提醒自己——要淡定，不要浮躁。无论春风得意，还是伤心失意；无论彩票中奖，还是感情破裂，甚至遭小人陷害，我们都要始终怀着一颗淡定的心。

淡是人生的真味，定是事业的保障。明代道士洪应明在《菜根谭》中说："醲肥辛甘非真味，真味只是淡；神奇卓异非至人，至人只是常。"意思就是说，山珍海味并不是真正的味道，真正的味道只是清淡；那些特立独行、装神弄鬼的人并非真正高明的人，真正高明的人看上去平平常常。不少人心浮气躁、急功近利，动不动就急火攻心，耐不住性子，听不得批评，经不住挫折，工作稍有不顺就跳槽，感情稍有摩擦就分道扬镳。如果一个人养成如此浮躁的心性，纵有再大的才华也必将一事无成。世界越是喧嚣，我们越要让自己内心淡定。

淡定不仅是生活的态度，更是幸福的途径。在淡定的心境下，静观万物，一切皆可怡然自得。在淡定的沉思中，我们彻悟世界的真相和人生的真意，从此不再妄图改变世界，而是开始改变自我，内心也随之日益强大。该吃饭的时候吃饭，该睡觉的时候睡觉，精满、气足、神旺，如此幸福就已任你掌握。如果说世间真存在幸福秘诀的话，那恐怕就是“淡定”二字了。

关于淡定力，有句话描述极为形象：“胸有惊雷而面如平湖者，可拜上将军。”如果你有泰山崩于眼前而色不变的淡定，如果你有“谈笑间，樯橹灰飞烟灭”的气度，出将入相都是绰绰有余。毫不夸张地说，有了淡定力，你将在人生路上披荆斩棘，无往而不胜。从某种意义上说，淡定才是世界上最强大的力量。

本书以“淡定力”为主题，以经典禅学故事为切入点，围绕现实生活中每个人都可能遇到的困惑和难题，进行一系列接地气的解读。内容通俗易懂，策略真切实用，文风行云流水，蕴含的哲理直指人心，犹如当头棒喝，让迷失的自我幡然醒悟。本书对修身养性、为人处事多有裨益，可帮弱者成功，可助强者更强，可使萎靡者重整旗鼓，可使抑郁者舒展笑颜，可使困惑者月朗风清。相信通过本书的阅读与实践、磨砺与修炼，我们定能克服浮躁的弊病，从而变得更成熟、更老练、更沉稳、更淡定。

此刻，请倒杯清茶，慢慢翻阅这本书。请让自己沉浸在字里行间的禅学智慧里，让一颗浮躁的心慢慢沉静下来，细细感受这种来自灵魂深处的淡定之力。这种力勇猛而优雅、内敛而精进，正所谓“心有猛虎，细嗅蔷薇”。

这是一本帮你破迷开悟、修身养性的必读书！

这是一本可以放在枕边、案头做座右铭的书！

目录

第一章　咸有咸的味道，淡有淡的味道

有人问：“难道你不嫌这菜太咸吗？”弘一大师回答：“咸有咸的味道。”吃完后，弘一大师向碗里冲了白开水，涮了涮碗底粘着的几粒米一同喝下。“这么淡，喝得下吗？”弘一大师淡淡一笑说：“淡有淡的味道。”

第二章　心有猛虎，细嗅蔷薇——做个内心淡定从容的人

北宋苏洵在《心术》中说：“泰山崩于前而色不变，麋鹿兴于左而目不瞬，然后可以制利害，可以待敌。”世界上很少有天塌下来也不惊慌的心态，所以成功的人总是少数。如果你拥有了这种淡定的气度，必将无往而不胜。

第三章　色即是空，空即是色——用淡然的眼光看世界

你穿衣服挑颜色吗？你贪恋黄金白银的光泽吗？你恋慕妖媚艳丽的女色吗？你会按照别人的脸色行事吗？……诱惑是美丽的，却也是危险的。学会用淡然的眼光看世界，一切都将变得简单。

第四章　为什么有的人不喜欢你，为什么有的人不理解你

每个人都希望自己比别人过更好的生活，希望早日出人头地。任何人的内心都潜藏着这些物质欲望和名利诱惑……每个人都难免被别人指指点点，有的人喜欢你，可能对你美言甜语，有的人讨厌你，也许因为嫉妒对你妄加指责。面对这些是是非非，我们应该怎么办？

第五章　出身低贱的人为何能成为“大人物”

有个人突然从大殿中跳出来，指着法坛上的无三禅师，大声嘲弄道：“出身贱民的和尚也能当住持，究竟是怎么回事啊？”面对突如其来的发难，无三禅师从容地笑着回答：“泥中莲花。”在场的人全都喝彩叫好。

第六章　透过现象看本质——对不同的人要用不同的方式

赵州禅师道：“我的待客之道有上中下三等分别。上等人来时，我在床上用本来面目接待他；中等人来时，我下床到客堂里用礼貌接待他；三等人来时，我用世俗的应酬到前门去迎接他。”

第七章　快乐的秘诀——为什么你总是闷闷不乐

山川日月、花鸟草虫本没有感情，但人们却很容易沦为感情的奴隶，用自己的悲喜来感受世界。心情好的时候，“春风得意马蹄疾”，看什么都美；心情糟的时候，“感时花溅泪”，看谁都不顺眼。

第八章　淡泊明志——可以追名求利，但不能急功近利

又寿郎问：“要练多久才能成为一流的剑客？”武藏答道：“最少也要十年吧！”又寿郎说：“十年太久了，假如我加倍苦练，多久可以成为一流剑客呢？”武藏答道：“那就要二十年了。”又寿郎一脸狐疑，又问：“假如我晚上不睡觉，夜以继日地苦练呢？”武藏答道：“那你必死无疑！”

第九章　感谢折磨你的人——忍、持、悟

寒山问拾得说：“如果世间有人无端的诽谤我、欺负我、侮辱我、耻笑我、轻视我、鄙贱我、恶厌我、欺骗我，我要怎么做才好呢？”

拾得回答道：“你不妨忍着他、谦让他、任由他、避开他、耐烦他、尊敬他、不要理会他，再过几年，你且看他。”

第十章　不要在一棵树上吊死——万病皆可从心医

无德禅师道：“你的呼吸便是梵唱，脉搏跳动就是钟鼓，身体便是庙宇，两耳就是菩提，无处不是宁静，又何必等机会到寺院中生活呢？”

第一章

咸有咸的味道，淡有淡的味道

有人问："难道你不嫌这菜太咸吗？"弘一大师回答："咸有咸的味道。"吃完后，弘一大师向碗里冲了白开水，涮了涮碗底粘着的几粒米一同喝下。"这么淡，喝得下吗？"弘一大师淡淡一笑说："淡有淡的味道。"

世无净土是因为你的心不净

有一次，赵州禅师和弟子文偃打赌，谁如果能把自己比喻成最下贱的东西，谁就胜利。

赵州禅师说："我是一头驴子。"

文偃接着说："我是驴子的屁股。"

赵州禅师又说："我是屁股中的粪。"

文偃不落后说："我是粪里的蛆。"

赵州禅师无法再比喻下去，反问说："你在粪中做什么？"

文偃禅师回答说："我在避暑乘凉啊！"

在纷乱的世界里，现代人还能到哪里寻找人生净土？

世人在经历烦恼之后发出"世无净土"的感叹，难道世上真的没有净土了？

事实上，我们认为最污秽的地方，而禅师们却能逍遥自在。因为他们的心洁净无比、纤尘不染，所以任何地方都是清净国土，住在任何地方都可以解脱。

在我们看来，净土就是世外桃源。那里应该是蓝天碧水，鸟语花香；那里的人与世无争，没有战乱，没有疾病，没有痛苦，没有烦恼，在那里心灵可以得到安宁，身体可以完全放松。不用像现在这样，带着各色的面具，穿上厚厚的铠甲，把自己的心隐藏起来，永远不会让别人看到真实的一面，包括自己最爱的人和最亲的人。

可是，如果按这个标准去找，恐怕会让你失望了。如果你心里满是欲望，那么再美的景色，在眼里都会失色，因为真正的净土就在人间，就在你的心里！

心净则世间皆净，而不是花很多钱买来一大片地，在上面盖些房子，然后住在里面生活，这都只是表面功夫。如果生活应有尽有，但没有幸福感，经常感到空虚、抑郁，那么生活对他来说就是地狱；若每日粗茶淡饭，但身体健康，家庭幸福，那么就是天堂，就是净土。所以一切全在于自己的内心。古人云：心以为乐，则无境不乐；心以为苦，则无境不苦。

即使置身于粪土之中，心却依然淡定自若，那么所谓的苦恼、忧愁、离别、痛苦，就显得微不足道、可有可无了。同样是一把盐，你放在一杯水里，这杯水足可以苦得咸得叫你难以接受。但你要把盐放入湖泊或者大河中，它就不苦也不咸了。对内心而言，所有的苦难和不如意就是那把盐。

一尘不染的心，才能修炼一个淡定的自己。

蜘蛛的启示——到底是什么在困扰你

有个小和尚学习入定，可是每当入定不久，就感到有只大蜘蛛钻出来捣乱。没办法，他只得向老和尚请教。

小和尚说："师父，我每次刚一入定，就有大蜘蛛出来捣乱，赶也赶不走它。"师父笑着说："那下次入定时，你就拿支笔在手里，如果大蜘蛛再出来捣乱，你就在它的肚皮上画个圈，看看是哪路妖怪。"

听了老和尚的话，小和尚准备了一支笔。

再一次入定时，大蜘蛛果然又出现了。小和尚见状，毫不客气，拿起笔来就在蜘蛛的肚皮上画了个圈圈作为标志。谁知刚一画好，大蜘蛛就销声匿迹了。没有了大蜘蛛，小和尚就可以安然入定，再无困扰了。

过了好长一段时间，小和尚出定后一看才发现，原来画在大蜘蛛肚皮上的那个圈记，就赫然在自己的肚脐眼周围。

这时，小和尚才悟到，入定时那个破坏分子大蜘蛛，不是来自外界，而是源于自身思想上的心猿意马。

很多时候，所谓的困扰其实并不是来自外界，而是出自自己的内心。

如果内心淡定，那就不会受到各种干扰，也就不会感到心烦意乱。在现实生活中，人们一有过失或错误，就总是习惯于推给别人，从没想过毛病竟在自己身上。事实上，这种来自自身思想上的困扰往往不易被察觉，更难以用笔去“圈定”，但它的破坏却是最大的。

这就是我们平时常说的“魔由心生”。

大凡到过日本京都黄蘖寺的游人，都曾见到“第一义谛”四个大字横在它的小门之上，而爱好书法的游客，都会将它当作一件杰作加以欣赏，查其来历，原来系出于洪川之手，作于距今两百余年前。

当年在他写字之时，一名弟子为他磨墨，作了很多批评。

“这幅写得不好！”洪川写了第一幅后，他批评道。

“这一幅呢？”

“不佳。比前一幅还差！”这位弟子说道。

洪川耐着性子一连写了八十四幅“第一义谛”，仍然得不到这位弟子的赞许。

最后，在这位弟子休息片刻之间，他心想，“这下我可避开他那锐利的眼光了。”于是，在心无所羁的情况下，自由自在地一挥而就“第一义谛”四个大字。

他的弟子回来看了赞道：“神品！”

弟子的眼光，便是洪川大师的心魔。有心魔在头，如何能写出好字呢？

天下本无事，庸人自扰之，世间事无不如此。人最大的困扰往往来自于自身，大部分“魔”都是子虚乌有。在现实生活中，经常疑神疑鬼的人实在不少。

这些人没病也能凭空想出病来——胃稍有不舒服，便想是不是得了不治之症？心里不痛快便怀疑自己是不是抑郁？今天上班别人没跟他打招呼就怀疑对自己有仇？如果你是这样的人，就应该开阔心胸，力求豁达、超脱。不要以为别人窃窃私语就肯定是在捣鬼，自己在单位里不顺利就是有人故意绊脚，你要学会从自己身上找原因。

世界上最宽广的是海洋，比海洋更宽广的是天空，而比天空更宽广的是人的心灵。这句话说起来有点俗了，但却是真理。你想，一个心胸辽阔的人，哪里会来那么多烦恼呢？当然，也并不是说所有的烦恼都是自寻的。但外在条件毕竟只是外在的，内因才是病源的根本。“民不畏死，奈何以死惧之”，如果一个人不求长命百岁，那么自然不会那么害怕死亡；不求大富大贵，清贫点也就无所谓了；不想出人头地，那么平凡也落得一身自在。

有心魔是正常的，它们正昏昏欲睡于你的心中，千万不要吵醒它，以免它的全面爆发。当然，爆发之后也没关系，关键看自己如何整理和疏导这些困扰。

魔由心生，也由心除。

心中有花的人，眼里看到的也是美好灿烂。

人不染芬芳，芬芳自染人。

吃饭就是吃饭，睡觉就是睡觉

源律禅师问慧海禅师："禅师，你可有什么与众不同的地方？"

慧海答："有。"

"是什么呢？"

慧海答："我觉得饿的时候就吃饭，感觉困的时候就睡觉。"

"这算什么与众不同的地方，每个人都是这样的，有什么区别呢？"

慧海答："当然是不一样的！"

"为什么不一样呢？"

慧海答："他们吃饭时总是想着别的事情，不专心吃饭；他们睡觉时也总是做梦，睡不安稳。而我吃饭就是吃饭，什么也不想；我睡觉的时候从来不做梦，所以睡得安稳。这就是我与众不同的地方。"

世人很难做到一心一用，他们在利害得失中穿梭，囿于浮华的宠辱，产生了种种思量和千般妄想。他们在生命的表层停留不前，这是他们生命中最大的障碍，他们因此而迷失了自己，丧失了平常心。要知道，只有将心灵融入世界，用心去感受生命，才能找到生命的真谛。

表面上看，每个人都在世俗里生活，实际上都是在自己的感受里生活，执着于自己的认知和判断。正因我们拥有自己的意识，所以我们才会感到痛苦或欢乐。道理很简单，只要我们用“自己的感受”来辨别和判断事物，自然就会产生对错、爱恨，从而产生种种烦恼。

如果我们能够怀着一颗包容之心，不在意、不计较任何外在现象，心就会坦然地属于自己，这时才能真切地感受到自己内心的那份澄澈、明朗，才能做到“吃饭的时候就是吃饭，睡觉的时候就是睡觉”，随时随处体悟自己当下的真实，从而不去追忆过去，不去妄想未来。这种当下的感受，就是生活的真滋味。

当你玩的时候，就什么都不要想，只想着如何玩得更开心就行了；当你工作和学习的时候，就不要去想新上映的电影和谁一块看，以及世界上发生什么重大事件等等，好好工作就是了；当你跟人谈话的时候不要心不在焉，而要打起十二分的精神，这样才能活在当下，活好当下。

人生只有三天，昨天、今天和明天。笨的人活在昨天，蠢的人活在明天，聪明的人活在今天。当我们每天清晨睁开双眼，看到窗外的阳光时，就要对自己说：“今天又是新的一天了！”当我们与家人共享天伦之乐，与朋友小聚叙旧时，都应该带着一种幸福感来珍惜当下的分分秒秒。

“从明天起，做一个幸福的人 / 喂马、劈柴，周游世界 / 从明天起，关心粮食和蔬菜/我有一所房子，面朝大海，春暖花开！”诗人海子怀着赤子之心写下自己美好的心愿。愿我们每个人都拥有一颗平常心，享受当下的生活，不要等失去之后才懂得珍惜，不要等灾难降临时才知道平安的可贵。

是的，明天有太多不可预料的事，我们还有什么不能释怀的呢？人生本来就是这样，我们只有心无杂念，将功名利禄看穿，将胜负成败看透，将毁誉得失看破，才能获得真正的“平常心”。

从现在开始，不再长吁短叹，不再追悔莫及。

从现在开始，吃饭就是吃饭，睡觉就是睡觉。

咸有咸的味道，淡有淡的味道

一天，夏丏尊前来拜访弘一大师。当时正是中午，弘一大师正在吃饭，便问他要不要一起吃。夏丏尊说他吃不下，看着他吃就行了。

大师的午餐很是简朴——仅是一碗白米饭和一碟咸萝卜干。看着这样的饭菜，想着大师出家前的锦衣玉食，夏丏尊不免心酸起来，轻声问了句："难道你不嫌这菜太咸吗？"

弘一大师回答说："咸有咸的味道。"

米饭吃完后，弘一大师向碗里冲了白开水，涮了涮碗底粘着的几粒米一同喝下。而大师出家前，饭毕定会有香茗一盏，往昔对比令老友心生酸楚，轻轻地问："这么淡，喝得下吗？"

弘一大师淡淡一笑说："淡有淡的味道。"

"咸有咸的味道，淡有淡的味道"，这是一句多么淡定的禅语！弘一大师把佛法应用在日常生活中，他的人生无处不是好味道。一条毛巾用了三年，已经破了，他说还可以再用；住在小旅馆里臭虫爬来爬去，访客嫌恶，他说只有几只而已。可以说，他真正体会了“随遇而安”的生活。

年轻的时候，我也不喜欢“随遇而安”。那时我血气方刚，觉得随遇而安是一种消极的表现，没出息的行为。但随着年龄的增长、阅历的增多，我发现，其实很多人生智慧都包含在先前我们的不以为然里。

随遇而安，表面看起来好像有点随波逐流，但当你陷入一种糟糕境遇而又无能力改变时，当你的生活突然发生变故需要重新开始，当你想摆脱目前现状却不知下一步该怎么走时，“随遇而安”或许是最好的“解药”。

药山禅师门下有两个弟子，一位是云岩，另一位是道吾。一天，众人在山中参禅，见到一棵树长得很茂盛，而另一棵却只剩下枯黄的枝叶。此时药山禅师想借机示教，于是问道吾：“荣的好呢，还是枯的好？”道吾回答：“荣的好！”接着禅师又问云岩，云岩却回答：“枯的好！”此刻刚好来了一位俗姓高的沙弥，药山就问他：“树是荣的好呢，还是枯的好？”沙弥说：“荣的任他荣，枯的任他枯。”

面对荣、枯二树，三位禅者各有所见。高沙弥的“荣的任他荣，枯的任他枯”展现的是一种闲适独到的眼光，任枯任荣就是一种不加分别的心境，就是一种随遇而安。你只管坚定信念，做你的事就行了，管它外面是春夏秋冬？无意掉落的一粒种子，也许来年就发芽开花，夫复何求？

人生需要做的事很多，不能做这一件，那可以先做另一件；在你没有储存足够的能量时，当然不能实现自己的理想；在你没有完全看清这个改变意味着什么之前，当然无法判断方向。此时随遇而安，是在考验人的定力和应变能力。

对于某些人来说，随遇而安是一种过渡性解决问题的方法，可以帮你减轻浮躁之气，保持清静的头脑。对于追求生活质量的人来说，它是一种淡定的境界，无论你身处何位，都能达观从容、运筹帷幄。我们大都是凡夫俗子，人生道路上会判断失误，遭遇意外，会遇到许多不如意，这时是自暴自弃，还是妥协放弃？不如随遇而安，默默寻找时机，同时踏实地做好当下的事情。

处在人生的低谷不要气馁，苦难的磨练也可能造就成功的基石。也许你不够智慧，也许你缺乏后台，但是天道酬勤，只要你做到了，终归会有收获的时候。不要过分计较得失，活得安心自在。世事有它的多面性，今天捡了十块钱很高兴，明天也许就会丢一百元。凡事没有绝对的对与错，好的极端也就成为坏的开始，而坏的境遇却令人奋发，往往成为崛起的开始。

世界的运转遵循的是强大的自然规律，不以个人意志而改变。

该是你的终须有，不是你的莫强求。

每天给孤独留出十分钟

有一个学僧到法堂请示禅师道："禅师！我常常打坐，时时念经、早起早睡、心无杂念，自忖在您座下没有一个人比我更用功了，为什么就是无法开悟？"

禅师拿了一个葫芦、一把粗盐，交给学僧说道："你去将葫芦装满水，再把盐倒进去，使它立刻溶化，你就会开悟了！"

学僧遵示照办，过不多久，跑回来说："葫芦口太小，我把盐块装进去，它不化；伸进筷子，又搅不动，我还是无法开悟。"

禅师拿起葫芦倒掉了一些水，只摇几下，盐块就溶化了。禅师慈祥地说："一天到晚用功，不留一些平常心，就如同装满水的葫芦，摇不动，搅不得，如何化盐，又如何开悟？"

学僧问："难道不用功可以开悟吗？"

禅师回答："修行如弹琴，弦太紧会断，弦太松弹不出声音，中道平常心才是悟道之本。"

在现代社会，我们经常会看到这种现象：早上六点左右闹钟就响，上班族们匆忙起床，洗漱一番，在路边买个早餐，或者早餐都不吃就往公司赶——这时还要承受高峰期的交通堵塞。朝九晚五的工作，应付上司、应付同事、应付客户，繁忙的工作几乎让人崩溃。

周末要么为了公事加班，要么就蒙起头来呼呼大睡，一觉到天黑吃顿饭了事，这个周末就这么过去了。没有给家人打个电话问候问候，也没去踏踏春，到公园里坐坐，心时刻都在工作上，一心想要干事业，却没想年纪轻轻，各种病就已经缠身了。你看现在医院里那些年轻的患者，得的都是老年人才有的病，真不知道是不是人类进化得太快了。

其实，无论再忙，都应该为自己留下孤独放松的空间，所谓“一张一弛，文武之道”。工作的时候可以全力做，全力冲，但到休息的时候一定要去放松。人千万不能把弦绷得太紧，工作压力、生活压力太大时一定要注意休息，要适当参加体育活动，不要说上班已经很累，回家就躺下睡觉。别把健康不当回事，当你失去时，才知道它有多么重要！

没事的时候可以大笑，哪怕是找部幽默的电影或几则小笑话都行。当你大笑时，心肺得到了锻炼，情绪得到缓和，血压、心率有所降低，从而使你放松。

在心情不好时，告诉自己再豁达一点，因为豁达的人才不至于钻入牛角尖，也才能乐观进取。学得再开朗一点，因为开朗的自己才能把快乐带给别人。一个人的快乐不是因为他拥有的多，而是因为计较的少。多是负担，是另一种损失，少非不足，是另一种有余。

每个人都应该每天为孤独留出十分钟，专门用来静思和冥想，从而让内心保持淡定。美好的生活应该是时时拥有一颗轻松自在的心，不管外在的世界如何变化，自己都能有一片清静的天地。

放下挂碍、开阔心胸，心里自然清静无忧。

第二章

心有猛虎，细嗅蔷薇——做个内心淡定从容的人

北宋苏洵在《心术》中说：“泰山崩于前而色不变，麋鹿兴于左而目不瞬，然后可以制利害，可以待敌。”世界上很少有天塌下来也不惊慌的心态，所以成功的人总是少数。如果你拥有了这种淡定的气度，必将无往而不胜。

内心淡定，人生事业才能定

一天，梁武帝请宝志禅师看戏。结束时，梁武帝问禅师：“今天戏演得好吗？”

禅师答：“我不知道。”

武帝又问：“今天戏唱得好吗？”

禅师答：“我不知道。”

武帝十分奇怪：“禅师明明坐在这看戏，怎么会不知道！”

禅师说：“陛下，明天不妨再要这一班戏子来做戏，并选一名已判死罪就要杀头的罪犯，命他手捧一盘水，跪在戏台前看戏，并对他说：‘等戏好了，这盆水一点都不洒出来，立刻赐你无罪，如果洒出，立刻绑去斩首。’”

武帝虽不知用意，但还是照办。

次日，罪犯看完戏，水一滴也不洒出来。

宝志禅师问罪犯：“戏好看吗？”

罪犯答：“不知道。”

宝志禅师又问：“戏好听吗？”

罪犯答："不知道。"

宝志禅师问："你跪在台前看戏、听戏，怎么会不知道？"

罪犯答："我心里顾着这盘水都来不及，哪有心看戏、听戏。"

武帝一听，终于明白：心不在戏，那么对戏就会视而不见、听而不闻，宝志心在生死大事，而不在戏，那么怎么会知道戏演的好坏？

我们大都会有这样的感受：当专注工作或学习的时候，就会听不到周围的声音，看不到周围在发生什么。而我们的耳朵和眼睛都是正常的，怎么会感受不到呢？这就是专注的问题。煮饭时如果走神想别的事，就会忘记关煤气；吃饭时不用心，连饭菜是什么味道都不知道，马马虎虎地吃。这就是迷失和散乱。在工作、生活和学习中，如果能不胡思乱想，内心淡定地做好当下的事，这也是一种禅。

禅定就是你在做某件事的时候，一心就在那件事上。宝志禅师一心参生死，当然不知道戏的内容；罪犯一心保持水不洒出来，当然也不知道戏好不好看。

世间的事，看起来简单，做起来却复杂；看起来特别困难，做起来会发现不过如此。其实每件事都有它自身的道理，只有用心去做，才能洞悉其中的奥妙，才能不同于寻常人。你看，有的人平心静气、专心致志，干一行爱一行，最终成为行家高手，成为行业榜样，为自己为社会创造许多财富。同时，现实生活中也不乏很多才华横溢之人，有些人甚至聪明过人、智力超群，但由于他们做事不能专注，对任何事只能保持三分钟热度，做这件事的时候总想着另外一件事，有太多的爱好，太多的欲望，太多的想法，所以什么事都做不成。这些人都是聪明的傻瓜，是聪明的失败者。

做人要抛弃浮躁，淡定自己的内心，排除私心杂念，专心致志地做好每件事，真正地做一行爱一行，那么就真能行行出状元。与其四处找船坐，不如自己倾心修一座码头，到时何愁没船会来？

十鸟在林，不如一鸟在手。无论你从事任何事业，都要专要精，才能有所成就。世间这么多技能这么多行业，你喜欢哪一种就可以选择哪一种，但既然选定了一项事业、一份职业，就专注地投入去做，尽最大努力，调动自身全部资源和力量做到最好。只有具备这种十年磨一剑的专注精神，才有可能成就一番事业。

喜怒不形于色——天塌下来也要淡定

云居禅师每天晚上都要去荒岛上的洞穴里坐禅。有几个爱捣乱的年轻人便藏在他的必经之路上，等到禅师过来的时候，一个人从树上把手垂下来，扣在禅师的头上。

年轻人原以为禅师必定吓得魂飞魄散，哪知禅师任年轻人扣住自己的头，静静地站立不动。年轻人反而吓了一跳，急忙将手缩回。此时，禅师又若无其事地离去了。

第二天，他们几个一起到云居禅师那儿去，他们向禅师问道："大师，听说附近经常闹鬼，有这回事吗？"

云居禅师说："没有的事！"

"是吗？我们听说有人在晚上走路的时候被魔鬼按住了头。"

"那不是什么魔鬼，而是村里的年轻人！"

"为什么这样说呢？"

禅师答道："因为魔鬼没有那么宽厚暖和的手呀！"

他紧接着说："临阵不惧生死，是将军之勇；进山不惧虎狼，是猎人之勇；入水不惧蛟龙，是渔人之勇；和尚的勇是什么？就是一个字：悟。连生死都已经超脱，怎么还会有恐惧感呢？”

一个人如果能在意外变故的惊吓和名利美色引诱下面不改色、毫不动心，那么这样的人即使不能名垂青史，也必能干一番大事。没有这种心理素质，就会心神不宁、患得患失，又怎么能在混乱中抓住先机，找到正确的出路呢?

真正把一切都看淡的人才能处变不惊，喜怒不形于色。有人说，那我在公共场合做丢脸的事行不行？这样虽然可以让你锻炼得脸皮厚些，但也容易变得没有羞耻心，到最后不仅不会处变不惊，反而把自己的底线给弄丢了。所以不要想些歪念头，处变不惊需要见识和阅历，需要时间的洗礼，需要用心去体悟。

如果你想学到真本事，那么就尝试着让自己高兴时不要得意忘形，碰到难题时也不要急得跺脚，不管别人说什么做什么，都不要急于表达自己的意见，冷静应对，给自己充分的思考时间，那么自然能够理智地应对事物，自然不会把喜怒挂在脸上了。

喜怒不形于色，不是一个简单的即兴动作，而是在大是大非之时，在切身利益之前，甚至在盛怒盛喜之时要能不形于色。生活源于体味，性情显于细节。一个人有了切身体验才能明白生活的真谛，琐碎的小事才能看出一个人的性情。

与人交往，伤害总在短暂一瞬间；做事决策，失误总在细微处。一个人难的不是偶尔做事谨慎，而是一贯如常。我们的喜怒情愫能影响周围的人，狂喜时炫耀自我，盛怒时迁怒他人，恐怕人人都有这样的弱点吧！所以说，喜怒不形于色要做到日常状态，而不能仅凭一时之兴。

然而，脸色淡定，喜怒不形于色并不是让你整天板着面孔，这类人要么是做事呆板老套，要么被生活打击太重，消极颓唐。古人提倡“不以物喜，不以己悲”，这种境界才是人人所向往的。

北宋苏洵在《心术》中说：“泰山崩于前而色不变，麋鹿兴于左而目不瞬，然后可以制利害，可以待敌。”世界上很少有天塌下来也不惊慌的心态，所以成功的人总是少数。如果你拥有了这种淡定的气度，必将无往而不胜。

见山是山见水是水，见山不是山见水不是水

一天，一个青年拜见禅宗六祖慧能大师，慧能一看他就知道是佛门龙象，于是问道："你从那里来？"

青年恭敬地说："从不远的地方来。"

慧能心想："这么小的年纪就有如此造化，真是难得！"

于是又问道："你的生命在哪里？"

年轻人答道："生命？我早就忘记了！"

慧能十分欣喜，召唤青年前来："好好说，你府上是哪里？"

"浙中。"

"来拜见我是为了什么事？"

青年说："世间均是垃圾，无处容身，请师父收我为徒。"

慧能为了考验他出家的决心，笑着说："不要出家！"

青年坚定地说："不要不出家！"

后来，这个青年继承了六祖的禅风，成为著名的南阳慧忠禅师。

慧忠禅师在河南的深山里苦修了40年，与世人隔绝，没有任何烦恼与欲念，终于见到了清明的世界。

有个僧人问他：“怎样可以成佛？”

南阳慧忠微笑：“放下、忘掉。”

“怎样才能物我两忘？”

“超越一切，无欲无求！”

“佛是什么？”

慧忠扬眉大笑：“佛就是你的一举一动、一言一行、一想一念，你就是佛。”

现在的人幸福感越来越少，压抑感越来越强，很容易被各种烦恼折磨得晕头转向、意志消沉。随着年轻的增长，我们的理想抱负皆已不见，常常是为别人而活。上学的时候，为了父母和老师的表扬；长大后，为了恋人或红颜一而笑；工作后，为了升职加薪；年岁再大一点，为了孩子和年迈父母的晚年而努力。回头想一想，这辈子有几件事是真正为自己？忙忙碌碌的人，早已失了本心。相比之下，小孩却活得很纯粹，能幸福地享受生活。老子在《道德经》第十章里说：“专气致柔，能婴儿乎？”在老子眼里，婴儿是最真实的，他们只知道吃和睡，没有外物干扰，很容易得到满足。成人只有做到物我两忘，才可能活得如婴孩般纯粹。

对我们这些灰头土脸的人来说，放不下也忘不掉，物我两忘，又何其难哉！那么这时候，现实一点的做法是，试着放下重担，活得轻松一点，经常能满足内心一些小幸福感，就很好了。比如橱窗里妻子喜欢的那件衣服，在节日的时候买给她；孩子中意的一个玩具，作为奖品奖励给他；能在工作中抽出身来与家人一起吃团圆饭。周末放下一切烦恼，带老人孩子去郊游，莫不是人生的幸福！

物我两忘有三种境界：一见山是山，见水是水；二见山不是山，见水不是水；三见山还是山，见水还是水。这三种境界就是从“无我”到“有我”，最后达到物我两忘的境界。物我两忘表现在超越自我、超越自然的心境上。

能以武力战胜别人的人，只能说他有力量，只有能战胜自己私欲和成见的人，才是真正的强者。人的私欲是无止境的，而且危害极大，一个能战胜私欲的人已经达到了物我两忘的境界。这时，我是谁，谁是我，已经不再重要。如果你能够达到这种境界，内心必定是淡定而强大的。

心中有绳，你就会把自己捆缚

禅宗二祖慧可为了表示自己求佛的诚心，挥刀断臂，拜达摩为师。

有一次，他对达摩祖师说道："请老师为我安心。"

达摩当即说："把心拿来。"

慧可不得不说："弟子无法找到。"

达摩开导他说："如能找到了，那就不是你的心了！我已经帮你安好心啦，你看到了吗？"

慧可恍然大悟。

几十年以后，僧璨前去拜谒二祖慧可。

他对二祖说："请求师父为弟子忏悔罪过。"

二祖慧可想起了当年达摩启发自己的情景，微笑着对僧璨说："把罪过拿来！"

僧璨说道："我找不到罪过。"

慧可便点化他说："现在我已经为你忏悔了！你看到了

吗？”

僧璨恍然大悟。

又过了许多年，一个小和尚向三祖僧璨求教：“如何才能解除束缚？”

僧璨当即反问：“谁在束缚你呢？”

小和尚脱口而出：“没有谁来束缚我呀！”

僧璨微微一笑，说道：“那你何必再求解脱呢？”

小和尚豁然领悟。他就是后来中国禅宗第四祖——道信。

每个正常人都有自己的烦恼，只是每个人面对烦恼以及处理烦恼的方式不一样。有的人会找人聊天，发泄内心的烦闷；有的人享受美食，从而让自己快乐起来；有的人会选择安静的地方，静下心来做喜欢的事……无论如何，只要是活着，烦恼就会存在，人们都在想尽方法解除烦恼。

有些烦恼是会随着时间自动消除的，有些则需要自己去面对并找出化解的方法，否则就是心结，就会制造更多的烦恼。醉心于功利的人，便会被名缰利锁拴住，从而患得患失，野心勃勃贪得无厌的人，更是焦虑不安，嫉妒猜疑。而这一切烦恼，别人都不能帮你解脱，只有自己才能救自己。

《列子》里面记载了一个故事，说是有个人丢了斧子，总怀疑是邻居家的小孩给偷去了，于是就暗暗注意那孩子，他看那孩子说话走路，都像是偷了斧子的样子。总之在他看来，基本已经断定那小孩是个贼。过了几天，他在刨土坑的时候，又找到了那把斧子，原来是他上次给忘在那里了。从那之后，他再看邻居小孩，怎么也不像偷过斧子的样子了。很多人因为自信不足或多疑，心中有绳，心中有锁，导致自己把自己捆绑，自己把自己锁上。

事实还是那个事实，改变的只是自己的主观意识。真是“本来无一物，何处惹尘埃”？

大多数疾病都可以不治而愈，大多数烦恼都会在第二天清晨好很多。很多烦恼都是自找的，不如把它看作是东去的流水，流过就行了，别让自己沉溺在里面。写下快乐的理由，擦去痛苦的借口。现代人虽说算不上富裕，但基本都过上了温饱的生活，可许多人整天却满口痛苦、悲哀之类的话。真不知道这些痛苦是客观地摆在那里，还是他们想象出来的。

在网上看到一些年轻朋友的文章，作者也大多浸泡在苦水里，一副苦大仇深，世人欠他五百万的样子。我建议这些人把一周前的烦恼盘点一下，看是不是还在，如果已经不在了，那么你当初要死要活的烦着有什么意义呢？

烦恼是什么？是被我们放大了的一种自我暗示。你越是在意它，它就越显得强大，几千年来天还在我们头顶悬着，那位担心天塌的老兄要是知道的话估计也会气得吐血了。一个经历了许多真正烦恼的人，反而会以一种超脱的姿态来对待烦恼。

如何安心？要自己安心。

如何解脱？要自己解脱。

没有谁来束缚你，何必自寻烦恼呢？

如何让别人看不透你的心迹

大耳三藏颇有神通，他来到慧忠禅师面前，与他验证。

慧忠问道："久闻您能够了人心迹，不知是否属实？"

大耳三藏答道："只是些小伎俩而已。"

慧忠于是心中想了一件事，问道："请看老僧现在心在何处？"

大耳三藏运用神通查看了一番，答道："高山仰止，小河流水。"

慧忠微笑着点头，将心念一转，又问："请看老僧现在身在何处？"

大耳三藏又做了一番考察，笑着说："禅师怎么去山中和猴子玩耍了？"

"果然了得！"慧忠面露嘉许之色，称赞过后，随即将风行雨散的心念悉数收起，反观内照，进入禅定的境界，无我相、无人相、无世界相、无动静相，这才笑吟吟地问："请看老僧如今在什么地方？"

大耳三藏神通过处，只见青空无云，水潭无月、人间无踪、明镜无影。大耳三藏使尽了浑身解数，天上地下彻照，全不见国师心迹，一时惘然不知所措。

慧忠缓缓出定，含笑对大耳三藏说："阁下有通心之神力，能知他人一切去处，极好！极好！可是却不能探察我的心迹，你知道是为什么吗？"

大耳三藏满脸迷惑。

慧忠禅师笑着说："因为我没有心迹，既然没有，如何探查？"

奥地利心理学家弗洛伊德说："即使你的嘴巴保持沉默，指尖却喋喋不休，甚至每一个毛孔都会背叛你！"

中国自古就有"相人术"，教人如何看穿别人的内心。因为无论你的演技再高超，手段再高明，但毕竟还是一个凡人，总有人能看穿你障眼法之后的真面目。无论你的心迹藏得有多深，只要存在，别人就可以探查得到。

比如，声音可以反映一个人的灵魂，顺着声音潜入他的灵魂，就能分辨哪些是动听的肺腑之言，哪些是模仿的诡辩之声。如果他撒谎，那么也许会伴随着频繁眨眼、挠耳朵等小动作；如果他频繁看手表，那么心里已经急着要做别的事了。

当一个人吊着苦瓜脸说"我今天很高兴"时，你肯定不会相信这是他的真话。任何一个细枝末节都不是无缘无故出现的，都是心迹的表现。没有人能隐藏自己的心迹，除非他没有心迹。当你面色平静如水，没有强颜欢笑，没有虚张声势，没有浮躁焦虑的表情，甚至没有多余的动作，那么别人自然猜不透你。

在你淡定而坦然的气场之下，别人只好败下阵来。此种淡定表现，正所谓“胸有惊雷而面如平湖者，可拜上将军”。就是说，胸中的情感即使犹如惊天巨雷，而面色却犹如平静的湖面，没有一丝波澜。如果你做到了这样的境界，可出将入相，必将成为一名非凡的人物。

为什么你非要趟那潭浑水

一个年轻僧人来到行思禅师那里。

行思禅师问道："你从哪里来？"

僧人答："从曹溪来，从六祖师父那里来。"

行思禅师问："你带什么来了？"

僧人摇摇头，抖抖身体，表示已经看开、看破、放下，早已身无外物。

行思禅师叹了一口气，说道："唉！何必落于形相？你还是带来不少碎石瓦砾呀！"

过了几天，又来了一个僧人，他就是后来的石头禅师。

行思禅师问道："你从哪儿来？"

僧人回答道："我从曹溪来，从六祖师父那里来。"

"你身上带着什么来了？"

"什么都没带来，而且我并没失掉什么东西啊！"

"既然如此，那你还去曹溪干什么？"

“我去印证！要是不去曹溪，我怎么知道人生的一切奥秘都在我自己心中，我并不缺少什么东西呢！”

凡事只有亲身经历才明白，别人纵使说得天花乱坠，都不属于你。

就像找工作，有人说这个好，有人说那个好，这就需要自己去判断。再好的公司，也许你去了不一定适合你；再差劲的公司，说不定你在里面就能扮演很重要的角色，从而成为众人景仰的焦点。谈恋爱也是，别人说得再浪漫再美好，你没有亲身体验过，就没有发言权。所以，与其站在这里瞎想，不如勇敢去尝试。

据说西红柿原产地在南美洲，虽然果实鲜艳可爱，但因为被认为有毒，谁也不去种它、吃它。后来有一个年轻人想自杀，吃了几个西红柿，结果没有死掉，却发现西红柿味道鲜美。从那以后，西红柿才被人们接受并成为餐桌上的佳肴。现在，西红柿早已成为世界各国人民喜爱的蔬菜，西红柿的种植范围也遍及世界各地，但恐怕很少有人知道，西红柿普及之前还有如此悲壮的故事。

不亲自品尝西红柿，便不知它的味美，便不能开发一种新的美食。有些时候，明明知道前面是一潭浑水，可还是要去趟。为什么？为了亲身体验，从体验中找到自己，在体验中去领悟一些什么。只有自己亲身体验了，才知道什么叫身不由己，才知道什么叫来之不易，才知道什么叫人生。

这个世界上的每个人，我们都不能小视。为什么？因为每个人都亲身经历过一些事情，都会从中收获自己独特的东西，而这个东西是与众不同的，是稀有的，是价值连城的，无论对或错。

“三人行，必有我师”，两千多年前的孔老夫子早已悟出了这个道理。一个人从小到大，从幼稚到成熟，从单纯到复杂，最重要的原因就是他亲身经历了很多事情。大胆去尝试吧，即使失败也是一种“成功”。

事实就是如此，一个人只有亲身经历才知道什么是错误的答案，哪条是成功的捷径，从而找到自己的路，真正悟透人生的真谛。

第三章

色即是空，空即是色——用淡然的眼光看世界

你穿衣服挑颜色吗？你贪恋黄金白银的光泽吗？你恋慕妖媚艳丽的女色吗？你会按照别人的脸色行事吗？……诱惑是美丽的，却也是危险的。学会用淡然的眼光看世界，一切都将变得简单。

色即是空，空即是色

一次，洞山禅师问云居禅师："你爱色吗？"

云居正在用竹箩筛豌豆，听到洞山这样问，吓了一跳，筐里的豆子也洒了出来，滚到洞山的脚下。洞山笑着弯下腰，把豌豆一粒一粒地拣了起来。

云居禅师耳边依然回想着洞山禅师刚才说的话，他不知道该怎么回答，这个问题实在是没有办法回答。

云居禅师放下竹箩，心中还在翻腾。他想了很久才回答道："不爱！"

洞山一直在旁边看着云居受惊、闪躲、逃避，他惋惜地说："你回答这个问题之前想好了吗？等你真正面对考验的时候，是否能够从容面对呢？"

云居大声说道："当然能！"然后他向洞山禅师脸上看去，希望能得到他的回答，可是洞山只是笑，没有任何的回答。

云居禅师感到很奇怪，反问道："那我问你一个问题行吗？"

洞山说："你问吧！"

云居问："你爱女色吗？当你面对诱惑的时候，你能从容应付吗？"

洞山哈哈大笑地说："我早就想到你要这样问了！我看她们只不过是美丽的外表掩饰下的臭皮囊而已。你问我爱不爱，爱与不爱又有什么关系呢？只要心中有自己坚定的想法就行了，何必要在乎别人怎么想！"

"色"包含的范围太大了！女色、颜色、脸色……你穿衣服挑颜色吗？你吃佳肴喝美酒看重菜色、酒色吗？你恋慕妖媚艳丽的女色吗？你贪恋黄金白银的光泽吗？你会按照别人的脸色行事吗？面对这些形形色色，你迷失了吗？

我们所处的是一个充满诱惑的年代，诱惑往往是美丽的，却也是危险的。雪莲长在冰山上，你要获取就得冒着坠崖的危险；虎豹的皮毛是美丽的，许多猎人为取得它而葬送了性命。现实生活中，房子、票子、车子，如此种种，诱惑多多。

诱惑无处不在，即使足不出户的宅人们也在所难逃。因为网络世界同样有很多赤裸裸的诱惑，所以抵御诱惑是没用的，现在并非我们所能左右，除非你出家或隐居山林，否则诱惑必然无处不在。

有的人觉得太费神了，便学会了拒绝诱惑，以此来获得宁静，获得自由和轻松。其实也大可不必，如果生活变得太简单明了，那还有什么丰富可言、精彩可谈？抗拒诱惑，不如勇敢接受这些美丽的诱惑。

色欲是最客观的存在，谁都不能否定。如果你洁身自好，内心清净，那么即使它自动找上门，也不会有什么影响。金钱的魅力是实在的，那么你就去赚钱吧，堂堂正正地赚钱，去资助贫困的人。事实上，我们在接受诱惑的时候也是奋斗的时候，懒人和庸人不知道什么是诱惑，更不知道获得需要付出。

世人的烦恼只因为考虑太多，总是为别人的看法而活。别人的话，让别人去说，嘴巴长在人家脸上，你想控制也控制不了。但是，我们绝对不能让别人的言语拴住自己，更不要因为别人的言语而苦恼。记住，你才是自己的主人，你对自己的行为有决定权。

月船禅师是一位善于绘画的高手，可是他每次作画前，必坚持购买者先行付款，否则决不动笔。对于这种作风，社会人士经常有微词。

有一天，一位女士请月船禅师帮她作一幅画。月船禅师问："你能付多少酬劳？""你要多少就付多少！"那女子回答道："但我要你到我家去当众挥毫。"月船禅师允诺跟着前去。

原来那女子家中正在宴客，月船禅师用心为她作画。画成之后，月船禅师拿了酬劳正想离开，那女士就对宴桌上的客人说道："这位画家只知要钱，他的画虽画得很好，但心地肮脏，金钱污染了它的善美。出于这种污秽心灵的作品是不宜挂在客厅的，它只能装饰我的一条裙子。"说着便将自己穿的一条裙子脱下，要月船禅师在它上面作画。

月船禅师问道："你出多少钱？"女士答道："哦，随便你要多少。"月船禅师开了一个特别昂贵的价格，然后依照那位女士要求，在裙子上画了一幅画，画毕立即离开。

很多人怀疑，为什么只要有钱就好？受到任何侮辱都无所谓的月船禅师，心里是何想法？原来，在月船禅师居住的地方常发生灾荒，富人不肯出钱救助穷人，因此他建了一座仓库，贮存稻谷以供赈济之需。又因他的师父生前发愿建寺一座，但不幸其志未成而身亡，月船禅师要完成其志愿。

当月船禅师完成其愿望后，立即抛弃画笔，退隐山林，从此不复再画。他只说了这样的话：“画虎画皮难画骨，画人画面难画心。钱，是丑陋的。心，是清净的。”

有禅心的人，不计较人间毁誉。月船禅师以自己的艺术素养，求取钱财救人救世，他的画不能以一般画来论，应该称为禅画了。因为他不是贪财，他是舍财，可世间有多少人能懂得这种禅心呢？

世界上的是是非非，全凭自己去慎思辨别，然后根据自己的分析思维决定自己走的路；社会上必然有人赞扬，也会有人毁谤讥骂。对此，自己要泰然处之，任人评论。可太多的人都活在别人的眼光里，生活在别人的价值观里，事实上，这是我们高估了自己在别人心目中的地位，努力想去扮演一个完美主义者的形象。大多时候我们当众摔了一跤不是因为疼痛，而是感到没面子。其实这些小事早就没人记得了，只有你在耿耿于怀，反复咀嚼。

别人怎么看你，那是别人的事。有时你明明已经很努力了，可别人还是觉得不好，你不能一辈子为别人而活吧？尽管有些人对你来说确实很重要，但你越表现结果可能越糟糕——你是你的，干别人何事？

“无招胜有招”的真谛

道树禅师在一座道观旁建了一所寺院，道士难以容忍在自己眼皮底下修建佛寺，总想着要除去这个眼中钉。

道士每天变一些妖魔鬼怪，扰乱寺里的僧众。他呼风唤雨，让电闪雷鸣；让夜晚不再来；让白天的时候天上挂着繁星。其实，那只不过是幻象而已。

种种奇怪现象把不少年轻和尚吓走了。可是，道树禅师却不为所动。一直坚持在那里住了十多年。最后，道士黔驴技穷，所有的法术都已经用过，道树禅师还是不为所动。道士实在没有办法，只好沮丧地去别处寻找安身之地。

有人问道树禅师：“道士的法术那么高强，你是怎么战胜他们的呢？难道你有比他们更强的法术吗？”

道树禅师说：“他们的法术是很强，我没有什么能胜他们的法术，只有‘无’字能让我战胜他们。”

那个人又问：“人都说佛法无边，‘无’真的有那么厉害吗？”

道树禅师说："他们的法术尽管厉害，厉害就证明他们有，有就必定有尽头，有尽头就有量，有量就有边；我的佛法是无，无就是无限，无限则无尽，无尽则无量，无量则无边；我以不变应万变，'无边'当然就会胜过'有边'了。"

由此可见，世上最厉害的武器就是"无"了！"无"的威力是没有边际的。

无，并不是没有，而是无限。无限的爱心，无限的快乐，无限的幸福。拥有再多的东西，如果有了限度，也会有消失殆尽的一天，因此一味追求"有"，那么就大不起来；唯有无限地付出，才能真正拥有全部。

音乐的最高境界是"无声胜有声"；武功的最高境界是"无招胜有招"；绘画的最高境界则是"留白"。"无招"不是什么招式，而是一种境界。习武之人到了这一境界，动起手来叫人无法以现成套路拆解，一眼看穿对手招式中的破绽，招招攻其必救，时时料敌机先。

孙子曰："善战者，先为不可胜，以待敌之可胜。"又说："胜者先胜而后求战，败者先战而后求胜。"说出了"无招胜有招"的真谛——要想战胜敌人，先要让敌人无隙可乘；只在有必胜把握的情况下，才寻求作战。

招数只是手段，是实现目的的过程，再高明的招数也有它的破绽。而没有招数，自然就没有破绽，更没有破解之说，那么对手便无从攻击你。这便是生活的哲学：以静制动，以弱胜强，以淡定胜浮躁，以无为胜有为。

《道德经》第六十三章中讲："为无为，事无事，味无味。"意思就是，从事无为之为，奉行无事之事，品味无味之味。这就是无为的境界。众所周知，盛极必衰是万物法则，无论是谁也挡不住，即使再厉害的人或企业也一样，要么继续强大，要么死亡。当对手很强大的时候，“无”的对策就是不要妄动，不要打草惊蛇，看着他狂，看着他强大，最后强大到极致就是衰败，这便是以无胜有。树欲静而风不止，风不止而树一样静，它以静制动，以不变应万变。

要做到“无招胜有招”，前提是自身要有极强的“内力”，否则光有花架子，无济于事。到时真与高手过起招来，那就不是“无招”，而是“没招”了。

地理不如天理，天理不如心理

云门文偃禅师问僧徒：“我不问你们十五月圆以前如何，我只问十五日以后如何？”

僧徒：“不知道。”

云门：“日日是好日。”

日日是好日，即：春有百花秋有月，夏有凉风冬有雪。若无闲事挂心头，便是人间好时节。

我曾经买过一本带有“每日宜忌”的农历，大到嫁娶、入宅、安葬、开市，小到会友、求医、扫舍之类的琐事。古人做任何事都要参照黄历，大小事情都很细心，一是因为怕犯冲，另一个原因则是敬畏天地。

我认识一位朋友深信风水，搬了新居之后想请个师傅帮忙看看宜忌、命理冲煞之类，又怕遇到江湖骗子，非让我推荐个。我刚好认识一个台湾的祖业几代专门研究风水的，便介绍了给她。大师看了之后说风水很好，不过有些小地方还可以改得更好，讲了半天大师总结说：“地理不如天理，天理不如心理。”

事实正是如此，只要心里无怨无恨，那么即使寒风凛冽，心中依然温暖如春；如果心中愁苦烦闷，那么就算是阳光灿烂也觉得悲哀。只要我们怀着一颗善良慈悲之心，今天该做什么就做什么，那么哪一天不是好日子呢?

如果黄历说今天不宜开市，而你正好选了这个日子，那么以后生意不好你可能就会怪天命，怪自己当时没有选个开市吉日。从此你没心思做生意，越是没心思顾客越少，生意就越不好，于是天天都成了凶日。而对于乐观的人来讲，不用看什么吉日，每天都是吉日，都会好好做生意，好好对待顾客，那么自然生意兴隆。

自然界有无数美景，如果能抛开诸多杂事用心去欣赏、去感受，那么就能获得一份美好的心情。而对于那些杞人忧天的人来讲，整日惶惶不安，无心去生活，那么每一天都是世界末日。正所谓：乐观的人眼里，能从绝望中看到希望之所在；而悲观的人眼中，看到的只是绝望。

一切事物都是按照因果规律发展的，只要我们顺随因果规律办事，那么我们做事就能顺利，就会事半功倍。不要去刻意攀缘，不要强求，不要去执着，这些只会增加我们的负担。

一念之间，人生就大相径庭。

该谦虚时谦虚，不该谦虚时当仁不让

克契到佛光禅师那里学禅，由于性格拘谨，遇事总是不麻烦别人，就连修行，也是一个人闷着头默默地进行。

一天，佛光禅师问他：“你来我这儿也有12个年头了，有没有什么问题？要不要坐下来聊聊？”

克契连忙回答：“禅师您已经很忙了，学僧怎好随便打扰呢？”

时光荏苒，岁月如梭，一晃眼，又是三个秋冬。

这天，佛光禅师在路上碰到克契，又有意点化他，主动问道：“克契啊！你在参禅修道上可有遇到些什么问题吗？有的话就要开口问。”

克契答道：“禅师您那么忙，学僧不好耽误您的时间。”

一年后，克契经过佛光禅师禅房外，禅师再次对克契道：“克契你过来，今天我有空，不妨进禅室来谈谈禅道。”

克契禅僧赶忙合掌作礼，不好意思地说：“禅师很忙，我怎能随便浪费您的时间？”佛光禅师知道克契过分谦虚，这样的话，再怎样参禅，也是无法开悟的，非采取更直接的态度不可了。所以当佛光禅师再次遇到克契的时候，便明白地对克契说：“学道坐禅，要不断参究，你为何老是不来问我呢？”

只见克契仍然应道：“禅师，您太忙了，学僧实在是不敢打扰。”

这时，佛光禅师大声喝道：“忙！忙！我究竟是为谁在忙呢？除了别人，我也可以为你忙呀！”佛光禅师这一句“我也可以为你忙”的话，顿时打入了克契的心中。

一个求职者在面试时，遇到这样的问题。

老板问他：“你为何想到我公司里来干？”他本来是个挺有能力的人，但出于谦虚考虑，他很认真地回答：“我是来学习的，希望能获得更大的进步。”面试结果是：不到三分钟，他就被淘汰了，原因正是他太过谦虚。公司需要的是能胜任工作给公司带来效益的人才，而不是来学习的实习生。

谦虚是一种美德，不过也要看时候。不该谦虚的时候谦虚，会让你错过重要的机会，而过于谦虚也显得虚伪。所以，我们要该谦虚的时候谦虚，不该谦虚的时候则当仁不让。

很多人都是这样，说话时总是很谦虚，明明自己会的东西非要说“懂一点儿”，明明做得很好的工作，非要说“勉强凑合”，这样很自然地就形成一种过于谦虚的性格。当今社会竞争这么激烈，谁还有精力听你讲这些谦虚的话呢？时间就是金钱，时间就是生命，每个人都在高度重视效率的时候，你却在这里老牛吃草一般慢悠悠地搞谦虚，还有谁有时间搭理你？

为什么不能坦诚一点呢？在别人问你工作或学习怎样时，说一句“还行，做出了不错的成绩”；当别人祝贺你取得好成绩或良好业绩时，不要不好意思，而是坦然接受，并回一句“谢谢你”。换一种做法，你将赢得更多人的好感，难道这样不好吗？

大千世界其实就是你的内心世界

有一位居士，在江边散步，看到一个船夫将沙滩上的渡舟推向江里，准备载客渡江。此时刚好有一位禅师路过，这个居士一个箭步向前，作礼请示道："请问禅师，刚才船夫将船推入江时，将江滩上的螃蟹、虾、螺等压死不少，请问这是乘客的罪过，还是船夫的罪过？"

禅师没有考虑，就回答道："既不是乘客的罪过，也不是船夫的罪过。"

居士非常不解，怀疑地问道："两者都没有罪过，那么是谁的罪过呢？"

禅师两眼圆睁，大声道："是你的罪过！"

船家为了生活赚钱，乘客为了办事搭船，虾蟹为了藏身被压，这是谁的罪过？无心者怎能造罪？就算有罪，也是无心之罪，但这位居士无中生有，妄自分别，难怪禅师要毫不客气地说"是你的罪过"了。

只因有了分别心，于是就生出罪过。分别心就是你对所见万物的第二念，第一念是真心，第二念就是分别心。比如说现在你面前有一个桌子，当我们第一眼看到这个桌子的时候，就知道这是个桌子而不是皮球，一刹那之后我们心中就会对这张桌子做出评判：这张桌子颜色我不喜欢，款式也不是我想要的。这便是我们的第二念，是分别心。

因为有了分别心，有些人觉得辣椒好吃，有些人却觉得太辣无从下口。辣椒还是那个辣椒，只是人的口味不同，喜欢它的人说它好，不喜欢它的人说它不好，而这个“好”与“坏”是从哪里来的呢？是人们根据自己的需要分别出来并强加给它的。

文道是个云水僧，因久仰慧薰禅师的道风，故跋山涉水不远千里来到禅师居住的洞窟前，说道：“末学文道，素仰禅师的高风，专程来亲近、随侍，请和尚慈悲开示！”

因时已晚，慧薰禅师就说：“天晚了，今晚就住在这里吧！”

第二天，文道醒来时，慧薰禅师早已起身，并已将粥煮好了。用餐时，洞中并没有多余的碗可给文道用餐，慧薰禅师就随手在洞外拿了一个骷髅头，盛粥给文道。文道踌躇得不知是否要接时，慧薰禅师说：“你无道心，非真正为法而来，你以净秽和憎爱的妄情处事接物，如何能得道呢？”

善恶美丑，一切分别，只在于我们的心。现代人之所以烦恼太多不是缺吃少喝，而是可吃的可喝的太多，从而不知如何选择而生出的烦恼。这就促使了“分别心”的增长，而如果没有了分别心，那么有营养的都可以吃，不会再为吃烤鸭还是清蒸鱼而烦恼。

我们每个人都有太多的执着，有太多的分别心。工作的分别，地位的分别，穷富的分别，生活环境的分别等等。所有的这些分别带给我们的只是迷茫与彷徨，恐惧与劳累，还有做事的不知所措与不择手段。

大千世界其实就是你的内心世界，一切差别都是人以自己的价值观判定的，并非它们的本来面目。如同一朵花，看似千差万别，其实都是同样完美。放下分别心，哪怕只有一朵小花在身边，就拥有了一切。

伸开手掌，你拥有全世界

佛陀住世时，有一位名叫黑指的婆罗门来到佛前，运用神通，两手拿了两个花瓶，前来献佛。

佛对黑指婆罗门说：“放下！”

婆罗门把他左手拿的那个花瓶放下。

佛陀又说：“放下！”

婆罗门又把他右手拿的那花瓶放下。

然而，佛陀还是对他说：“放下！”

这时黑指婆罗门说：“我已经两手空空，没有什么可以再放下了，请问现在你要我放下什么？”

佛陀说：“我并没有叫你放下你的花瓶，我要你放下的是你的六根、六尘和六识。当你把这些统统放下，再没有什么了，你将从生死桎梏中解脱出来。”

压在人身上的，岂止是手中的花瓶？

六根是指六种感觉器官：眼、耳、鼻、舌、身、意。眼是视根，耳是听根，鼻是嗅根，舌是味根，身是触根，意是念虑之根。六识则是眼识、耳识、鼻识、舌识、身识、意识。六尘是指色尘、声尘、香尘、味尘、触尘、法尘的合称。我们身体所感受到大千世界的一切，大都跳不出这个范围。

如果六根不净，就会被欲望缠身。解脱之道很简单，做到放下，烦恼至少可减少一半。然而，“放下”非常不容易做到。人有了功名，就对功名放不下；有了金钱，就对金钱放不下，有了爱情，就对爱情放不下；有了事业，就对事业放不下。这些重担与压力，使人生过得非常艰苦，在必要的时候，“放下”不失为一条超然幸福之道！

所谓放下，就是去除你的是非心、得失心、执着心。

在这个世界上，为什么有的人活得轻松，而有的人活得沉重？那是因为前者拿得起放得下，而后者却拿得起放不下，所以沉重无比。有些人对爱情陷得太深，一旦感情出现变故，人一下子就变得神经兮兮了，整日茶饭不思，工作心不在焉，人也憔悴许多，久久走不出感情的困局。其实，何必跟自己过不去呢？哪个人没在感情中受过伤？难道因为摔过一跤就不站起来走路了吗？曾经轰轰烈烈地爱过了，就要承担结局的伤痛，不然当初那么勇敢干什么？拿得起，就要放得下，不如修饰打扮一番，继续寻找更好的人。

创业失败了，也不要就此放弃，谁就能一创成名呢？谁就能一试就成功呢？如果成功真的来得这么简单这么容易，世界上恐怕遍地都是成功人士了！天时、地利、人和，于成功来说一个都不能少，具备其中一到两点只是有了成功的因子，必须三者具备才可能成功。有时候不是你的努力不够，而是时机未到，那么这时候你就只能在黑暗中等待，等待黎明照进来的一刹那。不要埋怨困境，在黑暗中呆得越久，你就会觉得光亮越是美丽！

所以，人生有包袱不可怕，可怕的是放不下。拿得起是一种勇气，放得下是一种肚量。对于鲜花和掌声，有处世经验的人都能等闲视之，但对于丢过来的破鞋或臭鸡蛋，能以平常心对待就非常不容易了。

学会放下，把自己当别人，把别人当自己，把别人当别人。工作上的压力要放下，不要把工作中的情绪引入生活中，不要让生活的烦恼影响工作，不要让情绪压力让生活翻船。名誉是头上的紧箍咒，看得越重束得越紧，更要放下；把金钱也放下，视钱如粪者粪愈肥，视钱如金者金愈瘠；有多少钱我们都不可能带进坟墓，但是，钱多了却可以把我们带进坟墓！

有时，生活会逼迫你不得不交出权力，不得不放走机遇，甚至不得不抛弃爱情。你不可能扭得住现实，所以应该学会放下。只有放下，才能从一切世俗困扰中解脱出来。

忘记并不等于从未存在，一切自在源于选择。不如放手，放下越多，你拥有的越多。握紧拳头，你的手里是空的；伸开手掌，你拥有全世界。

第四章

为什么有的人不喜欢你，为什么有的人不理解你

每个人都希望自己比别人过更好的生活，希望早日出人头地。任何人的内心都潜藏着这些物质欲望和名利诱惑……每个人都难免被别人指指点点，有的人喜欢你，可能对你美言甜语，有的人讨厌你，也许因为嫉妒对你妄加指责。面对这些是是非非，我们应该怎么办?

贪婪是人类的本来面目

在一个寂寞的秋天黄昏，无尽广阔的荒野中，有一位旅人蹒跚地赶着路。突然，旅人发现薄暗的野道中，散落着一块块白白的东西，加以注意之下，原来是人的白骨。

正在旅人疑惑思考之际，忽然从前方传来惊人的咆哮声，一只大老虎紧逼而来。看到这只老虎，旅人顿时了解白骨的原因，立刻向来时的道路拔腿逃跑。但显然迷失了方向，旅人竟跑到一座断崖绝壁的顶上。

在毫无办法之时，幸好旅人看见断崖上有一棵松树，并且发现从树枝上垂下一条藤蔓。于是旅人便毫不犹豫，马上抓着藤蔓垂下去，可谓九死一生。即将入口的食物，居然想要逃掉，可以想象老虎是如何懊恼，它在崖上狂吼着。

谢天谢地，幸亏藤蔓庇荫，终于逃过一劫，旅人暂时安心了。但当他朝脚下一看时，不禁“啊”了一声，原来脚下竟是波涛汹涌深不可测的潭水，怒浪澎湃，波浪间还有三条毒龙，正张开大口等待他的坠落，旅人不知不觉全身战栗起来。

但更恐怖的是依靠救生的藤蔓，在其根结处出现两只白色和黑色的老鼠，正在交互地啃咬着藤蔓。旅人拼命地摇动藤蔓，想赶走老鼠，可老鼠一点也没有逃开的样子。

在这八面围困之中，他认为首先应该赶跑老鼠。于是他试着摇了摇藤条，不料有温热的东西掉在脸上，舔一舔，是甜甜的蜂蜜。原来，藤条的根部有蜜蜂巢，每一次摇动都会有蜂蜜掉下来。他开始迷恋蜂蜜味道，居然忘记自己置身于穷途末路之中，一次又一次地主动摇晃这根救命藤蔓，陶醉于蜂蜜的甘甜中。

释迦牟尼说，这就是贪婪人类的本来面目。在被逼得走投无路时，仍然忍不住去舔那蜂蜜，这是我们人类无能为力的本性。蜂蜜就是满足人类欲望的各种各样的快乐，每个人都希望自己比别人过更好的生活，希望早日出人头地。任何人的内心都潜藏着这些物质欲望和名利诱惑，如果欲望得不到满足就会愤怒：为什么自己竟如此不幸？！

托尔斯泰在听到这个寓言故事后惊叹道："没有比这更形象地表达人类欲望之深的了！"确实如此。在这个故事里，老虎代表生病或死亡，藤条代表人飘摇的生命，黑白双鼠代表白天和黑夜。生命日夜不停地消逝，我们一年又一年地接近死亡，但就算缩短寿命，也要得到蜂蜜——满足人类欲望的各种东西。人就是和无止境的贪婪有着切不断的缘，这便是佛陀要告诉我们的真相。

任何人心里都潜藏着物质欲望和名利欲望，当得不到的时候就要愤怒：为什么我不能如愿？这时就会嫉妒那些已经得到的人。我有个年轻漂亮的女同事，工作能力很强，开着名车，穿着名牌，在城中心贷款买了套房子，生活虽压力不小，但人看着也精神。有天听她说起上班途中的一件事，原来是一个女人指着车里的她说肯定是被包养的，把她气得几乎都要喷火，愤怒地回应道：“你见过被包养的这么早去上班啊！”那女人理亏不说话了。

其实只要努力，年轻时就享有财富并非不可能，很多时候我们只看到了对方的光鲜，却没看到对方整天加班，也会挨老板训斥，也被客户气哭。而某些人呢，每天敷衍塞责，上班踩点儿到，下班跑得比谁都快，老板稍微指责，他恨不得要把老板碎尸万段。这样的人，只能在欲望中煎熬自己，人生渐渐走进死胡同。

穷人之所以穷，富人之所以富，肯定是有原因的。能一生下来就身价过亿的人很少，更多的人都是靠奋斗起家的，我们不能因为看着人家富了就诋毁他，就想拿刀砍他，欲望是我们前进的动力，但同时也可能使自己不幸。因此，我们要尽可能远离这些不正常的欲望，充分发挥欲望的积极促进作用。

有多少官员和高管，想着在退休或调离前再大捞一把，结果就是这“一把”葬送了他的名节和前途，人生成了一个败笔。这又是何必呢?

为什么有人不喜欢你——计较太多失去最多

有一位僧人曾问赵州禅师："如果能做到内心里一丝都不挂，是否就契悟了禅理？"

赵州禅师反问："不挂什么？"

僧人答道："不挂一丝"。

赵州禅师微笑："这不又挂上了么？"

现代人太计较自己的得与失，人人都以为自己能得到功名利禄，应该有用不完的财富，出有名车代步，美女相伴，入有豪宅别墅，娇妻相迎。可现实生活却没这样的好事，也许你有了财富就要牺牲爱情，也许有了爱情就要抛弃财富。鱼和熊掌令大多人取舍不定，患得患失。其实，从来没有的东西才永远不会失去，一旦有了得，就肯定会有失，人这一生就是在失与得之间轮回。

人生不在于如何只得不失，而在于学习如何对待得失。聪明的人从不担心会失去什么，而考虑应当得到什么，只有愚蠢的人才会为失去一丁点东西惶惶不安。许多人为失去爱情要死要活，为考试失利郁郁寡欢，为工作不如意破罐破摔。为什么会这样呢？就是因为太想得到而不愿失去。为什么不这样想：当你失去了爱情，就获得了自由之身，考试失利是增加下次考好的机会，工作不如意只是为了磨炼你的意志？

想完全不计较得失是不可能的，这是人的本能与需要所决定的，那么就需要我们在计较方面能有所取舍，知道自己想要什么，在关键的时候做出让步。不像有些人太吝啬，总是铁公鸡一个——铁公鸡还会铁锈，他明明就是个不锈钢公鸡！这样的人什么都想要得到，可到头来什么都得不到！

有些年轻人，初到单位不肯多做一点事，唯恐累到亏到，可学到的经验都是自己的，谁都偷不走！钞票放在口袋里面，半路上可能会遗失；金子打成戒指戴在手上，遇见强盗说不定连手指都会被剁掉。但学来一身的本领，一辈子不会丢掉。年纪轻轻，多做一些多学一点有什么不好？

很多事情看着简单，没有做过不会知道其中的艰难。只有做过以后，才会知道没有一件事情是简单的，没有一件事情是随随便便就能够做好的。不用心当然很快就能做完，但做完不等于做好，用心以后才会知道什么都不是那么简单的。用心做事得来的经验，是一个人最宝贵的财富。

失去身外之物不可怕，可怕的是失去自我。我们来到这个世界上的时候本来就一丝不挂、一无所有，你还奢求什么呢？

不要背后说人是非，要说就说好话

天台宗的学者很早便开始坐禅。某天有四位学者，为了能专心打坐避免相互打扰，于是约定持不语戒七天。

第一天，他们都静默不语，所以打坐的效果非常好；但到了傍晚灯油燃尽眼看就要熄了，其中一人便说："添些灯油吧！"

另一位听到后，马上纠正："我们应该不发一言的！"

又一位接着说："你们俩真笨，为什么要说话呢？"

最后一位沾沾自喜说："只有我没讲话。"

闭口深藏舌，修身第一方。很多人在告诫他人或指正他人错误的同时，自己很可能也犯上了同样的错误。

毋道人之短，毋说己之长。是是非非在人们的口中流来转去，常常发生纠纷和误解，进而引起不必要的冲突，给自己增加烦恼，所以祸从口出，说的就是这个道理。社会交往中最要紧的就是把握自己说话的分寸和原则，要做好人，就要先学会说好话。

吃下不干净的东西会生病，说出的话如果不合情理又损人利己，同样会招来灾患害身体，其程度不亚于生病，媒体报道整天会有一些凶杀争吵，或伤或死，惨不忍睹，有许多都是因为言辞上不和而伤了和气，动起口角所引发的。

不要以为说过了就没事，俗话说“好话一句三冬暖，恶语伤人六月寒”，纵然华佗再世，也再难复原。《地藏经》中有一个故事说，有一位青年比丘，看到另一位比丘跳过一条小溪，就笑他的姿态如猿猴一样，因此犯了恶语的罪，五百年后堕生为猿猴。

故事纯属虚构，充满因果报应的迷信色彩，但道理却很真切。所以，我们平日里要口下留情，不要随随便便说人不好，无中生有。要说就说好话、和气话，嘴巴甜一点，看到别人的优点，不要吝啬你的赞美。

当子孝妻贤和和睦睦、一家人围坐在一起享受天伦之乐时，你每天肯定睡觉都会笑着醒过来；当你走在大街上，看到一个老年乞丐，马上给他施舍，老者对你说声谢谢，你那天的情绪也会很欢畅；当你走进电梯里面，后面来了一个朋友，你马上问他上几楼？他一定会对你露出笑容。

古人云：“一言兴邦，一言丧邦。”我们所言虽不至此，但少说多做，可以帮助你避免许多是非灾祸。该说的说，不该说的千万不要让它溜出口，守口如瓶滴水不漏，才能成为真正处世有道的人。

一个能“一日三省吾身”的人是大人物

清晨，朱友峰居士兴冲冲赶到大佛寺参加早课。刚踏进大殿，便被左侧跑出来的人撞个满怀。朱友峰看着满地乱滚的水果，叫道：“你看！把我供佛的水果全部撞翻了！”

这个名叫李南山的人不满地说：“已经撞翻，顶多说一声对不起就够了，干吗那么凶？”朱友峰生气道：“你这是什么态度？自己错了还要怪人！”接着，指责、咒骂声此起彼落。

广圄禅师正好从此经过，问明原委，开示道：“莽撞的行走是不应该的，不肯接受别人的道歉也是不对的。双方坦诚地承认自己过失及接受别人的道歉，才是智者的举止。”

广圄禅师接着说道：“我们生活在这个世界上，必须协调的层面太多了。社会上，如何与亲族、朋友取得协调；在精神上，如何选择生活方式才不辜负可贵的生命……想想看，为了一点小事，一大早破坏心境，值得吗？”

听罢禅师的话，李南山赶忙认错：“禅师，我错了，实在太冒失了！”说完，转身向朱友峰赔礼：“请接受我至诚的道歉，我实在太愚痴了！”

朱友峰也由衷地说道：“我也有不对的地方，不该为一点小事发脾气，实在太幼稚了！”

“人生在世，孰能无过”，这是一句很有道理的古话。每个人从出生到长大，直至死亡，有谁能够保证没有做过错事呢？犯了错误不要紧，关键在于你对待错误的态度。如果你真的有错，就应该接受别人的责备。承认“我错了”很有必要，因为人人都难免犯错，所以大多数人都能原谅别人的过失。不要把所有的责任都推到别人身上，勇于承认错误，有助于自我完善。

自己有不对的地方就是不对，不要总怪别人，错就是错，为什么把责任推卸给别人呢？要大胆地承认错误，然后想办法解决问题，吸取经验教训，这才是最重要的。美国总统杜鲁门曾在自己的办公室门口挂了一条醒目的标语：Buckets stop here！意思是问题到此为止，不再传给别人。如果每个人都把这句话当作自己的座右铭，那么生活中将会少许多纷争。

世界上有两种人，一种人在努力地辩解，一种人在不停地表现。在工作中要尽量地表现，少去辩解，要敢于负起责任。当出现问题时，看看是不是自己的原因。当准备去请教上司时，先自问一下：自己有没有负担起责任，是不是非进上司的门不可？总之，要时刻记得：如果你想管理别人，首先得学会勇于承担责任。

真诚地面对自己的过失，你就会发现：原本很容易的一件事让自己搞复杂了。人原本可以活得潇洒轻松，就看你能不能搬开压在心头的石头。每个人都会犯错误，尤其当一个人工作压力过重、精神不佳的时候，犯错误是很普遍的事情。如果你能正确对待的话，不仅能提升个人形象，而且对今后的工作和交往都有很大的帮助。如果明明是自己不小心摔了跤，还要怪路不平，并狠狠地跺上几脚，那样就很幼稚了，以后的人生路上将遭受更多的挫折。

如果碰到任何事只一味责怪对方，那么你必定会活得很痛苦，因为你永远无法逃脱痛苦的深渊。如果能承认自己不对，痛苦就会减少。多说“我不对”“是我不好”“对不起”“我会好好反省”，这样就会比较快乐。

人要怀有惭愧之心，惭愧心就是善心。我们的心每一天都在争执，之所以争执是因为受不了别人的委屈，总是觉得别人对不起自己，却从未想到是自己对不起别人。所以每个人最好每天反省一下自己今天有没有对不起别人，不管别人是否对不起自己。不要一天到晚追究别人的缺点，或质问别人“怎么这样对不起我”?

一个能“一日三省吾身”的人才是大人物。

沉默是最好的武器，愚蠢的人用嘴战斗

寺院里住着俩和尚。师兄博学多闻，师弟则生性鲁钝，而且瞎了一只眼睛。

一天，有个僧人要来寺院参访，师兄云游外出，师弟接待了他。

没想到，师弟在法战中居然获胜了。这是为什么？原来，师兄临走时告诉他："如果有人来法战，你只要不说话，就一定能获胜！"于是，师弟便用此法与僧人斗法。

一开始，僧人竖起一指，师弟则竖起二指；僧人竖起三指，师弟则握紧拳头。僧人则说"大师高明"，于是低头认输，满脸都是敬佩的神色。

师兄回来，师弟告知法战之事："一开始，他竖起一指，讽刺我只有一只眼睛；我竖起两指，说他有两只眼睛，实在幸运；他竟然举起三指，暗示我们两人加起来只有三只眼睛！"

师弟越说越气："我实在忍无可忍，举起拳头正要揍他，他却莫名其妙地说：'大师高明！'看他这样说，我也不好为难

他，只好放他走了。”

师兄便去向那僧人讨教。僧人说：“我竖一指，是说‘大觉世尊，人天无二’；他竖两指，表示‘佛法二者，一体两面，是二而一’；我竖三指，表示‘佛法僧三宝，和合而住，缺一不可’；他捏起拳头，表示‘三者皆由一悟而得’。至此，我只好认输。”

师兄听罢，不禁哈哈大笑。

人是一切社会关系的总和，任何一个人都不可能是孤立的，都与这个社会有着千丝万缕的联系。因为人的欲望和本性，所以有人的地方，就有斗争。

面对形形色色的人，及其背后错综复杂的关系，与其说是与一人斗，不如说是与其背后的关系斗。斗争就需要武器，武器大家都喜欢厉害的，威武的，气派超酷的，就像打架斗殴一样，他拿把刀，你就想拿把枪，他拿起枪你就想开个坦克。好大喜强几乎是所有人的嗜好。但我看来，这都不够境界，真正厉害的人不是言语上的气势，不是武力上的狠毒，而是于无声之处，以沉默杀人的智者。

愚蠢的人喜欢用嘴斗争，喜欢用自己过高的分贝来证明自己的能力，但恰恰相反，过高的声音只能证明其内心的软弱，而聪明的人一言不发却威慑四方。你看，当一个执法者长时间沉默对视犯人时，犯人会情不自禁地心虚胆怯，于是不知不觉就口吐实情。

在日常生活中，每个人都难免被别人指指点点，有的人喜欢你，可能对你美言甜语，有的人讨厌你，也许因为嫉妒对你妄加指责。面对这些是是非非的言论，你纵有千张嘴万条舌，又怎能敌得过众人“一传十，十传百”的流言蜚语？这时，你唯一能做的就是保持沉默，沉默胜过口若悬河的辩解。沉默，让清者自清、浊者自浊！

世事有时就像一潭被搅浑的水，保持沉默就是等待是非沉淀的过程。否则，你会越搅越浑浊！面对是非纷争，你的言语要么是扬汤止沸，要么是火上浇油，而适当的沉默则会釜底抽薪！沉默是防卫的最好武器，所以当武则天弥留之际，吩咐后人为她立无字之碑。是非功过，任后人评说！武则天用无字丰碑选择了死后的沉默。然而，这无字丰碑，这死后沉默，却让千秋万代更加敬佩她的睿智。

“大音希声，大象无形”。这里所说的“大音”即是“道”，指音乐的本源，是自然界存在的真正的音乐，而“希声”是说最完美的音乐是人们听不到的音乐自身；而所谓“大象”，是指形象本身，也即是“道”，而“大象无形”，就是说最大的形象是人们看不见形迹的“道”。人世间既然有大智若愚，就一定会有大愚若智。这便是程度和境界的问题。

大智若愚的人有再多的聪明都不随便显摆，厚积薄发、宁静致远，注意自身修为，对很多事都有着大度开放的姿态，有着海纳百川的境界。

大智若愚，大智无语。

得饶人处且饶人——切忌赶尽杀绝

山东有个以杀生为业的人。一天，到某处买了一头牛，准备牵回去宰杀。这头牛颇有灵性，知道买它的人是个屠夫，因此任凭这个人拉着牛绳鞭打，死也不肯走，等力气用尽了，才被这人强拖着离去。

后来经过一家钱庄门口，这只牛突然两脚向着钱庄门口跪了下来，并且双眼一直流泪。钱庄的老板看了，不禁起了恻隐之心，就向这人询问。

这人告诉他，此牛是以八千钱买回去要宰杀的。钱庄老板向这人表示，希望能以原价将牛买下。想不到这个人因此起了嗔恨心，恨这只牛这么刁蛮，因此坚决不肯卖，即使钱庄老板加了许多钱仍不答应，并且恨恨地说："这只牛太可恶了！必定要杀了它我才甘心，你就是出一万贯的钱，我也不卖！"

这只牛听了，就自动站了起来，跟随这人离去。等一到家，这人就立刻把牛杀了，并把牛肉烹煮在一个大锅里，然后上床睡觉。等睡到五更时，这人起床去察看牛肉烹煮的情形。

过了很久，这人还没回来，妻子奇怪他这么久不回来，因此就起床前去察看，竟然发现这人已经自己跌入锅中，腰部以上部位和牛肉一起都被煮烂了！

这头牛自知将死而求赎，求赎不成之后，又像个烈士一般，不为难任何人，从容地奔赴刑场。而那位屠夫，不以牛之将死而可怜它，反而怪罪牛的怕死并心生嗔怒，其残暴可见一斑。两相对照，屠夫的不仁与残暴和牛的灵性与怨气，最终屠夫不合常理的死法，解释为“报应”也是理所当然了。

普天之下，最重者不过“生命”而已，所以世间最残酷之事便是“杀戮”。凡是生命皆贪生怕死，不分人与畜，如果生命受到威胁，皆惊恐万状，胆破魂飞，竭力维护自身的存在。如果生命受到了杀害，那一股遭杀戮的“怨恨之气”必十分强烈，时时寻机会报复。

再看看现在，任何一种生命，只要稍稍危及人类的安全，人类便生出杀戮之心，要将其赶尽杀绝、斩草除根，结果却为自己酿下许多恶果。要经受多少教训，人们才会清醒呢？人类是最高级的动物，但却不是大自然的主人。大自然才是它自己的主人，一旦遭到破坏，它就会报复人类。人类疯狂砍伐树木，于是绿地越来越少；人类随便移山，到处挖河，直到把地壳松动地震来了才肯罢休；大气的污染使得全球变暖，两极冰川融化，海中之国被淹没，却没有谁可以为之买单，不是没人买，而是买不起！

种下什么因，就会收获什么果。当最后一滴水是人类的眼泪时，也许人类就会停止杀戮的步伐？大自然中的任何一个物种都有它存在的理由，人类没理由把人家统统干掉，每个生命都是食物链上的一环，一旦有一环被破坏，自然便有倾覆的危险，人类也将面临着灭绝之灾。

人只是沧海一粟，不要将自己想得多么强大，爱护地球上的生灵吧，爱护我们生活的环境吧！不要等地球满目疮痍的时候才后悔。做人要厚道，不要赶尽杀绝，适当时候放别人一条生路，也等于多给自己留出一条生路。

说话做事都要给自己留余地

良宽禅师毕生修行参禅，从未稍懈一天。当他老年时候，从家乡传来一个消息，说他的外甥不务正业，吃喝嫖赌，快倾家荡产了。家乡父老希望这位禅师舅舅能大发慈悲，救救外甥，劝他回头是岸，重新做人。

良宽禅师终于为乡情所感，就不辞辛苦走了三天的路程，回到童年的家乡。禅师终于和多年没见过面的外甥见面了。这位外甥非常高兴与他的和尚舅父相聚，并且特地留舅父过夜。

良宽禅师在俗家床上坐禅一夜，次晨离去的时候，就对他的外甥说道："我想我真是老了，两手一直发抖，可否请你帮忙把我草鞋带子系上？"

他的外甥非常高兴助了他一臂之力。良宽禅师慈祥地说道："谢谢你了，你看，人老的时候，就一天衰似一天。你要好好保重自己，趁年轻的时候，要把人做好，要把事业基础打好。"

禅师说完话后，掉头就走，对于外甥的任何非法行为，一句不提，但就从那天以后，他的外甥再也不花天酒地去浪荡了。

禅宗的教学法，有时当头棒喝，有时反诘追问，有时有无不定，有时暗示含蓄。总之禅的教育，就是不说破。

在现实生活中，人们说话，根据语境和交际目的的需要，有时要一针见血，一语道破；有时，则需要引而不发，藏而不露，尽量不把话说破，将自己的意思留给听者去思考、领悟、寻味。不说破，于人于己都是一种交际技巧。

有一次，汉武帝对文武大臣说："《相书》上说，鼻子下面的人中如果有一寸长，那人就会活到一百岁了。"东方朔听了，忍不住噗嗤一笑，有官员向汉武帝举报说东方朔侮慢皇上。东方朔说："彭祖寿高八百岁，如像你说的那样，他的人中会有八寸长，那他的脸就该有一丈多长了！"汉武帝听罢也禁不住大笑起来。风趣幽默耐人寻味的表达，既维护了汉武帝的尊严，也使他在笑声中明白了自己的错误，效果尤佳。

不说破，引而不发，能帮助人们将一些不好直说、不愿直说、不能直说的话间接地说出来。不能直说的话间接地说出来，让听话的一方在作出延伸或深入思考之后，领悟出说话人有意藏起来的那层意思。本来真理是简单的，说破了就一钱不值了，唯有"自得之"。

另外，社会交往中说话时应给人留余地，不能把话说绝，把别人逼到死角去。比如有人要约你，你不想去，可以说"哎呀，真对不起，我周末有事"或"等以后有机会吧"，不要说"我不想去"或"不行"。你周末不一定有事，但是你留有余地的拒绝，撒个善意的谎言，可以让对方免于难堪，给对方一个台阶下。否则，得罪了人，也害了自己。

给别人留余地的同时，也别忘给自己留余地。比如没把握的事情别轻易答应人家，可以说“我试试看吧”或“我尽量帮你”，不要说“包在我身上”“一定能办妥”。这样一来，你如果尽力但是又没办好，自己也有退路，毕竟你没向别人保证自己一定能成功。

第五章

出身低贱的人为何能成为“大人物”

有个人突然从大殿中跳出来，指着法坛上的无三禅师，大声嘲弄道：“出身贱民的和尚也能当住持，究竟是怎么回事啊？”面对突如其来的发难，无三禅师从容地笑着回答：“泥中莲花。”在场的人全都喝彩叫好。

一日不作，一日不食

唐朝百丈怀海禅师，承继开创丛林的马祖道一禅师以后，立下一套极有系统的丛林规矩——百丈清规，所谓“马祖创丛林，百丈立清规”，即是此意。

百丈禅师倡导“一日不作，一日不食”的农禅生活，曾经也遇到许多的困难，因为佛教一向以戒为规范的生活，而百丈禅师改进制度，以农禅为生活了，甚至有人批评他为外道。因他所住持的丛林在百丈山的绝顶，故又号百丈禅师，他每日除了领众人修行外，必亲自劳动，勤苦工作，对生活中的自食其力极其认真，对于平常的琐碎事务，尤不肯假手他人。

渐渐地，百丈禅师年纪老了，但他每天仍随众人上山担柴、下田种地，因为农禅生活，就是自耕自食的生活。弟子们不忍心让年迈的师傅做这种粗重的工作，因此，大家恳请他不要再下地干活儿，但百丈禅师仍以坚决的口吻说道：“我无德劳人，人生在世，若不亲自劳动，岂不成废人？”

弟子们阻止不了禅师服务的决心，只好将禅师所用的扁担、锄头等工具藏起来，不让他做工。百丈禅师无奈，只好用不吃饭的绝食行为抗议，弟子们焦急地问他为何不饮不食。

百丈禅师道："既然没有工作，哪能吃饭？"

弟子们没办法，只好将工具又还给他，让他随众生活。百丈禅师的这种"一日不作，一日不食"的精神，也就成为丛林千古的楷模。

"一日不作，一日不食"，十分值得现代人学习。有些年轻人为了追求理想，毕业后高不成低不就，一心想着当明星，当老板，当作家。理想是丰满的，现实却很骨感，结果在社会上屡屡碰壁后只能"坐家"啃老了。这些人都是很难成功的人，因为无论你有什么样的想法，就必须付诸行动，理想必须以现实为基础。我们不要将理想与现实分开，也不用将理想戒掉。

我一个朋友的儿子，特别喜欢打篮球，喜欢 NBA 明星，想靠打篮球为生。朋友当时就叫停了。看到 NBA 明星的风光，就产生一辈子打篮球的想法，我想很多年轻人都会有，但要靠打篮球谋生，要比当工人谋生困难得多。当运动员如果拿不了冠军，又没有一技之长，退役后找个工作也是很难的。现实中就有很多这样的例子，有些取得过很好成绩的运动员，退役后陷入生活困难。人有了物质才能生存，要先学会生存，才谈得上生活，谈得上理想。

生存与理想有时是一对势不两立的敌人，究竟哪一个更重要，其实谁也说不清楚。当然，肚子不能饿着。如果饿着肚子，纵使你有滔天的志向，也是竹篮打水一场空。实现理想不一定整天念叨着理想，也许你所做的每一件不起眼的小事，都是在为理想的实现做铺垫。当你任何时候都用这样一种心情去做事的时候，哪里还有不成功的道理？

然而，更可怕的是，现在更多的人胃口越来越大，把理想视若无物，为了达到生存的目标，处心积虑不择手段。这样的生存，还有什么意义呢？生存是根本，但对生存的追求不能没有底线。钱不是坏东西，但要把钱用在正确的地方。理想，我们永远都不能丢掉它。没有理想，人也就没了血性，没了动力，没了奔头。

没有理想，还不如死掉。但先活下来，才有谈理想的资本。

无所事事才是真正的地狱

有个人死后，去了阎王殿。到了那里，看到那里生活非常安逸。这个人心想：“我活着的时候生活太辛苦了，现在我死了，终于可以享受了。每天除了吃饭睡觉，没有别的事情，也不用每天辛苦地工作，这样的生活实在是太好了！这里简直就是天堂！”

然后，他向负责人问道：“这里是地狱吗？我实在难以想象地狱居然是这样好！”负责人说：“没错，这里就是地狱！在这里你什么都不用做，好好享受吧！过一段时间你就知道这才是真正的地狱。”

这人想：“怎么会呢？这里天天山珍海味，想吃什么就吃什么，还有舒适的床铺，想睡多久从没有人管。早知道这样，我早就不活了，活着还不如死掉呢！”

他就整天吃了睡，睡了吃，快乐得像个神仙。可是时间长了，他就觉得十分寂寞和空虚，于是他去找负责的人。说道：“我每天除了吃饭就是睡觉，和猪有什么区别？我不想过这样的生活了，你还是给我一份工作吧！辛苦点我也愿意。”

负责人答道：“这里从来就没有工作，想要什么只要一想，马上就能得到，只有工作不能得到！”那个人没有办法，只好回去了。

又过了一段时间，他实在无法忍受这样的生活，又去找那个负责人，说道：“我不想在这里住了，这种生活实在是难以忍受，你还不如让我下地狱！”

负责人说：“已经告诉过你了，这里本来就是地狱，你还以为这里是天堂呢？实在是太好笑了！”

有人说，人世间最苦的除了战士就是学生了，为了前程，为了未来，学生们背负着父母的压力，老师的期待，同学的竞争，披星戴月地读啊背啊，好像有听不完的课，做不完的练习，考不完的试。这样的生活够苦够累，如果能奢侈地睡上一两天该有多好。

也有人对工作不满意，感觉生活压力太大，每天要起早贪黑地上班，做不完的工作，处理不完的琐事，如果能不上班有钱花，想干什么就干什么，想去哪旅游就去哪游，想要什么样的东西都有，那该多好。

岂不知，真让你每天睡觉吃饭上网，很快就烦了，安逸的生活就是地狱，虽然没有刀山可上，没有油锅可下，但它能渐渐毁灭你的理想，颓废你的精神，涣散你的斗志，腐蚀你的灵魂，甚至可以让你变成一具行尸走肉，贪图无所事事安逸的生活，就是跨入地狱的另一道门！

不少人可能都有这样的感受：周末两天感觉玩得不过瘾，但真碰上放长假了，又感觉挺无聊，若一个月不上班，便心神不定，总想找点事做。如果说猎食就是动物的工作的话，那么人类为什么不去上班呢？上班赚钱也就是人类的“猎食”。那么有人可能会说，如果我不愁吃喝，还上什么班？当然不是，如果你吃饱了就知道睡，没有什么精神追求，那就跟动物没什么区别了。人还有精神生活，工作不仅仅是为了吃饭，更是为了实现自己的人生价值。无所事事的人当然不知道成功是什么感觉。

曾国藩有一句话说得好：“家勤则兴，人勤则健。能勤能俭，永不贫贱。”他用这句话告诫子女们在生活中不可贪图安逸，要以勤俭为治家之本。图安逸，讲享受，将碌碌无为，虚度一生，一事无成。但凡有志向、有才干的人决不会满足一时的安逸。三国的刘备，早年时南征北战，马不停蹄，拼杀疆场。有段时间，他在荆州刺史刘表手下找了个县令当，过了几年安逸的生活。一天，他和刘表喝酒时，偶然发现大腿内侧多了许多肉，于是泪流满面地说：“吾常身不离鞍，髀肉皆消。今不复骑，髀里肉生。日月若驰，老将至矣，而功业不建，是以悲耳。”意思就是说，我以前天天骑马，大腿内侧根本没有肥肉，现在好久不骑，肉都生出来了。我生活太安逸了，整天虚度光阴，以后如何成就大事啊？！

生于忧患，死于安乐。快乐地工作，适当去享受生活，这才是人生的乐趣，过度的安逸享受只会消磨人的意志。我们应该志存高远，向艰苦的环境挑战，在困境中磨炼，从而提升自己的境界。

你是一个意志坚定的人吗

弟子问禅师："师父，如何使身心清静？"

禅师说："有个人听了算命先生的话，说他眉头泛光，当天就能变成富翁，于是他就直接走到别人的银楼里，当着别人的面伸手就拿柜子里的金银，被人抓住送进了衙门。县太爷问他：'你怎敢在光天化日之下抢别人的钱财？'那个人回答道：'我只看到了钱，没有看到人呀！'"

禅师紧接着说道："有禅心的人，眼睛里看到的只有尘埃！"

弟子又问："怎样才能成佛？"

禅师厉声喝道："你外出云游，在庙宇与丛林之间奔走，可曾找到你们的安身之处？如果只会攀山涉水来来去去，那只是白白踏破草鞋，等着阎王爷向你收草鞋钱吧！"

弟子又问："怎样才能成佛？"

禅师抚掌大笑："好！意志坚定的人，将踏破的草鞋扔掉，光着脚向前走，没有了任何束缚，也就没有了任何烦恼，不用为草鞋破了磨脚担心，不用为草鞋钱担心；意志不坚定的人，心里挂念太多，忧虑太多，心都装满了，千门万户都封锁了，还安什么身，立什么命！”

弟子望了望自己的草鞋，灵光一闪，顿悟了。

生活中有些人做起事来优柔寡断，工作毫无计划，行为举止简单粗暴，情绪如活火山一样随时会爆发。这不光是情感方面的问题，也不是个人能力的问题，而是意志的问题。意志薄弱的人总是“跟着感觉走”，也不管感觉将他带往天堂还是地狱。

人生要随缘、随心、随喜，但不是“随心所欲”。朝令夕改的人如果能成功，那世界上就没有失败的人了。

在这个世界上，在成功者的队伍里面，很多人并不见得很聪明，在失败者的队伍里，很多人并不见得愚笨。其实，有一样东西比聪明的脑袋更重要，那就是人的心灵和意志，一个人的贫穷很大程度上是心灵的贫穷，一个人的成功很大程度上是意志的成功！

一个婴儿生下来，没有人会问是生下一个总统还是一个部长；是生下一个老板还是一个打工仔；是生下一个教授还是一个流浪汉。人们只会问：是个男孩还是个女孩？对一个新生命来说，将来的一切都是未知数，没有谁知道也不可能知道他将来会成为什么样的人。所以说，人刚生下都是一样的，要有差别那大体上就只有男女之别。

然而，随着时间的推移，环境的改变，学习的困难，世道的艰辛，人情的冷暖，人们的心灵和意志就会慢慢地发生改变。这样的改变将会导致人与人之间产生差距，于是有些人很成功，有些人很失败；有些人很出色，有些人很平庸。如果你想在这个激烈竞争的社会中成为一个很成功且出色的人，那么你就要有颗永远不冷不死的心！有股不管是主观因素还是客观因素都打不垮的意志！

有人说，成功男人的背后，一定有一位贤慧的女人。其实，应该说，这位要成功的男人，他有铁一般的意志，反应灵活的头脑，左右逢源的人际关系。这和他是不是娶到贤妻无关。这是天生的品质。如果能够娶到贤妻，说不定更能够帮助他事业的成功。如果娶到恶妻，更能够坚定他一定要成功的信念。因为只有事业上的成功，才可以彻底摆脱掉那位恶妻的困扰。

如果你认定了一件事，那么就去做，不要担心失败，不要担心会遇到什么样的困难。当磨难扒光你的身外之物，反能更轻松地往前走，当你放下内心的一些杂念，还有什么不能抵达的地方呢？

那么，如何修炼自己坚强的意志呢？一般来说，意志包括两个方面：一是“控制”，二是“力量”。控制力强的人表现如下：做事情有耐心，不急躁；一旦确定了目标，就会坚持不懈地把它完成；遇到挫折，努力想办法解决，直到将它克服；每天都能坚持做平凡枯燥但又必须做的事情。

如果你是个意志力强的人，那么你就拥有了一项成功的资本；如果你意志力比较薄弱，那么就要采取一定的方法来培养自己的意志力。比如说，分割任务，一天做一点，不要急于求成。如果自己意志力薄弱，实在无法坚持，应该找一个理解自己的人监督自己；想想自己的目标，找到动力，有动力才能持续；相信自己能坚持住，一旦开始就不要轻言放弃，不要人云亦云，随波逐流。

为者常成，行者常至。有了坚定的意志，就等于给双脚添了一对翅膀。

当一天和尚就用心撞好一天的钟

有一天，奕尚禅师从禅房中出来就听到阵阵悠扬的钟声，禅师立刻被那种与众不同的钟声吸引了。他仔细聆听，神态极其专注。钟声停了以后，他向侍者询问道："今天早上撞钟的人是谁？"

侍者回答道："他是新来的，才来了没几天。"

奕尚禅师说："你去把他找来，我有话要问他。"那个新来的和尚来了，奕尚禅师问道："今天早上你撞钟的时候是什么样的心情呢？"

他回答道："没有什么特别的心情，只是为了当一天和尚敲一天钟。"

奕尚禅师道："我看不是这样的，撞钟的时候你一定是想着什么，否则你不会撞出这样的钟声的。我仔细听过了，今天的钟声格外高贵响亮，只有真心向佛的人才能撞出这样的声音。"

小和尚想了想，然后说："我没有刻意要想着什么，在我还没有出家以前，我的老师告诉我说：'做什么事都要用心，撞钟的时候想到的只能是钟，因为钟即是佛，只有虔诚、斋戒、敬钟如佛，才配去撞钟。’”

奕尚禅师面露喜色，提醒他道：“撞钟是这样的，做任何事也要这样。如果保持今天早上撞钟的禅心，以后你的前途一定不可限量。”

这位小和尚从此事事恭谨，无论做任何事都牢记禅师的教诲，保持撞钟的禅心，终于取得了巨大的成就——他就是后来的悟由禅师。

“当一天和尚撞一天钟”，如今常被用来形容一些人做事敷衍，混一天算一天，没有积极主动的精神。其实撞钟也是一种职业，是和尚的必修课。看起来简单而又平常的撞钟，奕尚禅师却能用心聆听，读懂了撞钟人的心思意念，发现此人绝非泛泛之辈。

现代的管理者应该想的是：自己是否具有这位禅师的洞察力，能从撞钟这样的小事中发现一个人是不是人才。作为一个普通职员，应该想的是，自己为什么工作？究竟是为了理想抱负，还是为了自己和企业的未来？

不管是为了哪一点，既然已身置其中，就应该全力投入，做好每一件事，而不是满腹牢骚。许多人认为自己的工作低人一等，只是迫于生活的压力而劳动，或者认为自己做的是边缘工作，做得好坏无所谓，反正做好了老板也不会夸，做不好也挨不到骂，所以他们轻视自己的劳动，在工作中敷衍塞责，得过且过，整天都在想着如何摆脱现在的工作。这是因为他们身在其中，无法认识自己工作的价值。你要知道，工作没有高低、重要与不重要之分。不管你现在从事的是什么职业，不管你身在哪个岗位，只有把自己的工作踏实认真地做好，你才能成长和进步，才算对得起自己。

工作不仅仅是谋生的手段，更是生活的必需。如果一个人整天无所事事、游手好闲，虽然没了工作的压力，不用再为生活奔波，可却没了归属感，也没了工作完成时的满足感，更没有成功时的成就感。那么这个人也就失去了生活的意义。从某种意义上来说，工作是为了自己。所以，不如把心沉下来，兢兢业业做好本职工作。不论工作水平高低，都要干一行，爱一行，全身心投入工作，这样才能有所作为。

如果每个员工都人在钟前心不在，想撞就撞，不想撞就不撞，或者人在神不在，每天按规定撞钟，但撞得没有激情，没有责任感。那么，这样的人根本不能把工作做好，有升职加薪也永远轮不到他！真正有心的人，应该用心把钟撞好，这钟声能唤得醒沉迷的众生，也就是尽自己最大的努力把工作做得完美，这才是撞钟的最高境界。

不管你昨天多么辉煌，都应该活在当下，活好当下，撞好自己每天的“钟”，因为只有今天的虔诚和努力，才会让明天有更大的改变。

背水一战的含义——成功是被逼出来的

一对师徒出门，一路上，小徒挑着重担，很累，快走不动了，要求师傅停下休息一会。这时，正好到一村庄，老师傅问小徒："真走不动啦？"

小徒回答："是的，师傅，再走，就要死了。"

师傅笑笑，不说话。

这时，一个漂亮的姑娘走过来，老师傅跑过去在她脸上捏了几把，姑娘大喊救命。

村庄人一看，提着刀枪棍棒冲出来，他们想，老和尚还耍流氓，揍他！老和尚一看形势紧张，拔腿就跑，小和尚见状，也挑着担子就跑，一跑就是几公里路。

到了安全的地方，老和尚故意问小和尚："你挑着重担，怎么也跑这么快呀，不怕累死吗？"

小和尚语塞。

可见，人是有潜力可挖的。人都是逼出来的，这个道理很多人都懂，但却不一定懂得去做。当一个人被困在森林里得不到外界救助的时候，我们觉得此人肯定必死无疑，可结果会是这样吗？面对不同的人，结果是不一样的。实际上，当一个人走投无路时，不要去想为什么这种事会摊在自己身上，这些没有任何意义，应该想的是如何改变当前处境，只有这样才能改变结果。

如果一项任务是必须要做的，那么就相信自己一定可以办到。结果是重要的，只有做出结果，才能证明你成功了。当然，如果你甘愿寻死不愿成功，那么跟这件事就没有任何关系了。从来没有做过的事，不代表你不会做，也不代表你不胜任，应该庆幸这件事正好提供一个挑战自我心理承受能力的机会。

当矛盾产生的时候，问问自己想要的是什么，不要怕自己做不到。做了就是一个机会；不做的话，机会都没有。你要告诉自己——没有什么不可能，“不可能”只是你给自己的一个假设。勇敢地挑战自己，超越自己，想到了就去做，不要怀疑自己的能力，始终相信自己做什么都可以，这样才有勇气去面对任何困难。

潜在力量有很强的爆发性。比如，一个穿高跟鞋的母亲，看到自己的孩子从楼上掉下来，以迅雷不及掩耳之势跑过去接在怀中。这绝不是什么超能力，而是内在的力量。人人都拥有这种无可限量的潜能，就像牙膏一样，只有在受到外力作用的时候才会发挥出来。比如当人面临家庭变故或重大挫折时，就会把潜能发挥出来，做出一些让人觉得不可思议的事来。

很多时候，当我们在羡慕别人取得种种成绩的时候，却未意识到自己身上同样也存在着这样的潜力。每个人都是优秀的，就看你有没有挖掘自己和重用自己。所以，当面对压力困境的时候，不要急躁，也许这只是生活给你的小考验而已，相信自己一定能行，一切都能处理好，逼急了好汉可以上梁山，时势造英雄，人只有压力才有动力。只有背水一战，才能赢得赫然战功!

为什么出身低贱的人能成为“大人物”

在日本，耕田的农民被视为贱民，连出家当和尚的资格都没有。无三禅师虽然出身于贱民，但是他一心皈依佛门，于是假冒士族之姓，了却了自己的心愿。

无三禅师后来被众人拥戴为住持。举行就任仪式那天，有个人突然从大殿中跳出来，指着法坛上的无三禅师，大声嘲弄道：“出身贱民的和尚也能当住持，究竟是怎么回事啊？”

就任仪式庄严隆重，谁也没有想到会发生这样的事情，众僧都被眼前发生的事弄得不知所措。在这种情况下，谁都不能来阻止这个人说话，只好屏息噤声，注视着事态的发展。

仪式被迫中断，场上静得连一根针掉在地上都能听见。众人都为无三禅师捏了一把汗。

面对突如其来的发难，无三禅师从容地笑着回答：“泥中莲花。”

绝对的佛禅妙语！在场的人全都喝彩叫好，那个刁难的人也无言以对，不得不佩服无三和尚的深湛佛法。

就任仪式继续进行，这突然的刁难并没有对仪式有什么影响。由于禅师的佛禅妙语，更增加了他的威信，众人更加拥护他了。

人的一生可供选择的有许多，但起点却不能选择，比如不能选择父母、出身、家庭等等。如果起点也可选择的话，那么许多人的人生可能会改写。起点不一样，对人生的走向和影响是不言而喻的。

起点不能选择，但过程可以选择。奥巴马当选美国总统绝对让人出乎意料，从资历看，没有任何后台；从年龄看，不够老练；从政绩看，无有建树。用我们的眼光来看这简直匪夷所思，更要命的是他的黑皮肤，在美国这样一个种族歧视的国家，黑人要想实现梦想，不知要付出多少倍的努力！但母亲良好的教育和风范影响了他。他努力、勤奋，而且注重从基层做起，最终实现了他的梦想。

如果奥巴马整天为自己的黑皮肤担忧，整天为自己的出身发愁，那么也许现在只是个小混混，最终在默默无闻中度过一生，很可能还会给社会带来坏的影响。穷苦潦倒、地位卑微，种种艰难是难不倒一个有志气的人的。

世界上就有那么一些人，可能命运真的对他们不够友好。先是出生在不该出生的家庭，一开始就面临着起步慢、起步难的困境，后来干什么都不顺，于是万念俱灰，破罐破摔，浑浑噩噩。有的仅仅活着而已，无异于行尸走肉。有的甚至危害社会，报复他人，发泄不满。人与人之间的距离就是这样被拉开的。有时并不是你不行，而是你不干。自己活活地毁掉自己，自己吓死自己，自己为难自己，自己给自己过不去。

《菜根谭》中说："粪虫至秽，变为蝉而饮露于秋风；腐草无光，化为萤而耀采于夏月。因知洁常自污出，明每从晦生也。"意思是说，粪土中的幼虫是最肮脏的，可是它一旦蜕变成蝉，却在秋风中吸饮洁净的露水为生；腐败的草堆本身不会有光泽，可是它孕育出的萤火虫却在夏夜里闪耀出荧荧光亮。莲花从肮脏的淤泥中成长，但却绽放于清风明月之间。从这些自然现象中可以悟出一个道理，那就是洁净的东西出自污秽之中，而光明在黑暗中孕育。

"净从秽出，明从暗生"，我们要辩证地看待成功和失败。再美好的东西，也无法脱离它生长的环境而独自存留。如果我们总是一味排斥黑暗，那么就只能活在自己的白日梦中，永远找不到梦中的那个理想天堂。古今以来，有多少英雄豪杰都是从卑微的环境中出身，可他们不畏贫贱，在困难中抓住了机遇，从而成长了起来。失意不可怕，可怕的是失去自己。

去除妄念，用冥想减轻痛苦

慧能禅师见弟子整日打坐，问道："你为什么终日打坐呢？"

"我参禅啊！"

"参禅与打坐完全不是一回事。"

"可是你不是经常教导我们要安住容易迷失的心，清静地观察一切，终日坐禅不可躺卧吗？"

禅师说："终日打坐，这不是禅，而是在折磨自己的身体。"弟子迷茫了。

慧能禅师紧接着说道："禅定，不是整个人像木头、石头一样地死坐着，而是一种身心极度宁静、清明的状态。离开外界一切物相，是禅；内心淡定不散乱，是定。如果执着人间的物相，内心即散乱；如果离开一切物象的诱惑及困扰，心灵就不会散乱了。我们的心灵本来很清净淡定，只因为被外界的物相迷惑困扰，如同明镜蒙尘，就活得愚昧迷失了。"

弟子躬身问："那么，怎么去除妄念，不被世间迷惑呢？"

慧能说道："思量人间的善事，心就是天堂；思量人间的邪恶，就化为地狱。心生毒害，人就沦为畜生；心生慈悲，处处就是菩萨；心生智慧，无处不是乐土；心生愚痴，处处都是苦海。在普通人看来，清醒和痴迷是完全对立的，但真正的智者却知道它们都是人的意识。人世间万物皆是虚幻，生命的本源也就是生命的终点，结束就是开始。财富、成就、名利和功勋，对于生命来说只不过是灰尘与飞烟。心乱只是因为身在尘世，心静只是因为身在禅中。没有中断就没有连续，没有来也就没有去。”

弟子终于醒悟，禅师的话像暮鼓与晨钟唤醒了碎裂在生活碾磨里的人。

为什么僧人要打坐冥想？难道打坐冥想真能修成佛吗？

就像砖头再磨也不能成为镜子一样，打坐当然不能成佛，冥想也不能，但冥想可以给人的心灵减压，并减缓身体上的痛苦。

当你练习打坐冥想的时候，感到心情舒畅宁静，那么就是起作用了。当我们冥想的时候，大脑皮层就停止理性思维了，让自律神经处于放羊状态。简单地说，就是让意识停止一切对外活动，从而达到一种“忘我”的境界。

如果你愿意，随时随地皆可冥想。要知道，并非打坐才能冥想，站着也可以冥想。如果你受过舞蹈方面的训练，也可以金鸡独立式冥想。反正随你所便，只要心能沉静下来，停止一切意识活动，就是最适合你的冥想。

冥想很简单，当跑步的时候，你可以感受自己的呼吸，感受拂面而来的空气，而不是还有哪个项目没做完。慢慢地，你就会意识不到自己的步伐。如果你根本沉不下心，听不进去，那么你就是太浮躁了。听音乐也是一种冥想，闭着眼睛，放一首你喜欢的音乐，在音乐中进入昏昏欲睡状态。

现在，放开你的想象吧！像庄周梦蝶一样飞翔于天蓝海阔之中，精神上达到飘飘欲仙的境界。那么，何时冥想最适合呢？一般来说，早餐前或临睡前是最适合的时间，因为此时精神有点恍惚，更能似梦非梦地进入冥想状态。

如果你想让自己意识清明、内心安定，建议每天花 20 分钟时间去冥想。千万不要总为一些小事担心忧虑，其实这都没有什么意义，内心的淡定才是最重要的。如果你拥有了这份淡定，必将无往而不胜。

杜绝“三分钟热度”

有个叫铁眼的年轻和尚，发誓要用募捐来的钱修建一个佛的金身。这件事虽然功德无量，但是困难太大了！然而，铁眼和尚一旦立下了宏愿，就决不退缩。

募款的第一天，他早早就来到了最繁华的地方，向过路人乞讨施舍。不一会儿，过来一个武士，铁眼和尚施礼道：“贫僧誓愿塑佛金身，请施主捐一点吧！”

武士都没正眼看他，像是没听见的样子，迈着大步走了。铁眼和尚急忙就追上去，低声乞求：“给多少都行！”

武士厌烦地挥手，十分干脆地拒绝道：“不！”

武士在前面走，铁眼在后面跟着，一直走了十多里路！那个武士无可奈何地随手扔下一文钱。铁眼从地上捡起那文钱，朝武士行礼致谢。

武士觉得奇怪，问道：“一文钱也值得你这样高兴？”

铁眼和尚回答道：“这是贫僧靠行乞修建佛身的第一天，如果不能化到这一文钱，或许贫僧的心志就会产生动摇。如今承蒙您慷慨施舍，贫僧对于成就大愿已经确信无疑，所以感到无限欣喜。”

说完，便引身告退，按照原路回去继续化缘。暑去冬来，经过无数个风雨霜雪的日子，铁眼和尚终于筹足了资金，完成了自己的心愿。

中国有句古语，万事开头难。

做生意的人开头很难，有的缺乏起步资金，认为资金不足；有钱的却选不准项目，害怕损失；有的想开个店面，不知道进货渠道；有钱有项目了却不懂经营，无从下手。

农民春耕、撒种、锄草、浇水、施肥……也难，如果扛起锄头怕沉，到田地怕流汗，怕弄脏了衣服，那么想秋天收获是痴人做梦。

学开车的开头也难，不知怎么操作，手忙脚乱记住了挂档、踩油门，踩上油门却忘了松离合，松了离合又忘了踩油门，踩上油门又忘了转方向盘……但学会了之后就会觉得没什么。

万事开头难，无论干什么试了几下觉得很难就不干了，还没有开头，哪里来的结尾？想达到你心中盼望的结果也是不可能的。想有结果就必须先有开始，吃过苦，受过难，开了头，后面的渐渐就好发展了。怕就怕你在开始时，因为怕苦而放下。从古到今，哪个成功者一开始就风风光光呢？

演艺圈，还没有出名的时候什么也不是，出名了以后就事事顺利。像刘德华、周星驰，成名前都是给人打杂的，盒饭都吃不起。商业圈，李嘉诚开始的时候也很不容易，发展到现在的规模没什么好难的了。万事开头难，飞机在起飞的时候所受的地球引力最大，所受的阻力也最大，因此起飞的时候最耗油。

有时候，很大程度上不是事情本身难，而是做事的人。人的懒惰、松懈，人的放纵、消极，都在一定程度上加重了事情的难度。所以，面对开始，态度更重要，当你把一只蝌蚪想象成一只鲨鱼，那只会败在自己的想法上！

当有了良好的开始，坚持下去也很难。坚持做一件事情是需要很大的耐心和时间，特别是对于做事三分钟热度的人来说，坚持更是件好比登天的事，所以我们才说，坚持就是胜利。如果你能不畏艰难、信心十足地朝目标迈进，终究会获得意想不到的成功。

第六章

透过现象看本质——对不同的人要用不同的方式

赵州禅师道:“我的待客之道有上中下三等分别。上等人来时，我在床上用本来面目接待他；中等人来时，我下床到客堂里用礼貌接待他；三等人来时，我用世俗的应酬到前门去迎接他。”

亲眼所见未必就是真

韩国的镜虚禅师，有一天晚上，带了一个女人回到房中后，就关起房门，在房里同居同食。徒弟满空生怕别人知道了这件事，一直把守门外，逢到有人找师父时，就以“禅师在休息”的话来挡驾。

但满空心想，这样下去也究竟不是办法，就鼓起勇气去找师父。才进门口，竟然看到一个长发披肩的女人躺在床上，身段苗条，细白的背是如此美妙，并且还亲见师父很自然地在她身上摸着。

徒弟一见，非常冲动，再也无法忍耐，向前一步大声问道：“师父啊！您这样做还能算是大师风范吗？您如何对得起十方大众呢？”

镜虚禅师一点也不动气，轻言慢语地说道：“我怎么不可为大众楷模了呢？”

弟子满空用手指着床上的女人，以斥责的语气道：“你看！”

镜虚禅师却平和地对徒弟说：“你看！”

因为师徒的对话，床上女人缓缓转过身来，徒弟猛一看，只见一张看不到鼻子、眉毛、连嘴角也烂掉的脸——原来是一个患了麻风病的疯女人。

这时，师父把手上的药往满空面前一伸，泰然地说："喏！那么你来吧！"

满空跪了下来，说道："师父！你能看的，我们不能看；你能做的，我们不能做！弟子愚。"

这个世界，真真假假，很难让人分辨。比如酒桌上的朋友，喝酒聊天时比亲兄弟还亲，也许一出门就谁也不认识谁了。而一些真正的朋友，也许平时不怎么关心你，但当你真正有困难的时候他们就站出来了。

有些话是真的，听上去却很假；有些话是假的，听起来就像真的一样。有个笑话是这样的：一位夫人打电话给建筑师，说每当火车经过时，她的睡床就会摇动。"这简直是无稽之谈！"建筑师说，"我来看看。"建筑师到达后，夫人建议他躺在床上，体会一下火车经过时的感觉。建筑师刚刚上床躺下，夫人的丈夫就回来了。他见此情形，厉声喝问："你躺在我妻子的床上干什么？"建筑师战战兢兢地回答："如果我说是在等火车，你会相信吗？"

有时候，亲眼看到的不一定就是真相，亲耳所闻的也不一定是事实，所以在与人相处的时候，一定要小心谨慎。孔子的一位学生在煮粥时，发现有脏东西掉进锅里了，他赶紧用汤匙把它捞出来，正想把它倒掉，忽然想到：一粥一饭都来之不易，于是就把它吃了。刚好这时孔子走进厨房，以为他在偷吃，便教训了那个煮饭的弟子。后来经过弟子一番解释，大家才恍然大悟，孔子感慨地说："我亲眼看见的事情也不确实，何况是道听途说呢？”

人们在向他人讲述某件事情时，为增强可信度，经常会说：“我亲眼所见，哪还有假？”而事实却是，有些时候，亲眼所见未必真。众所周知，我们盯着看的魔术不是真的，虽然看起来很真，可毕竟是魔术。现实世界是复杂的，一目了然的事情毕竟有限。

当你常常因亲眼看到的东西而暴跳如雷，是否应该想想眼睛有没有骗自己？难道亲眼看到的就是事实的真相？多少情人分飞天涯，多少朋友反目成仇，多少亲情淡漠如烟，很多时候可能都是因为轻信了各自的眼睛，才让一切本不应发生的悲剧，本不应该有的结局诞生。

现实生活当中，我们之所以被骗，往往就是因为我们过于相信自己的眼睛，只看表面，没有用心去分析、细想。这也正是人性的弱点，自以为眼见为真。所以凡事要细看，更加用心深入分析，这样才不会被表面现象所蒙骗。

看不见的东西就不存在吗

弟子问佛祖："您所说的极乐世界，我看不见，怎么能够相信呢？"

佛祖把弟子带进一间漆黑的屋子，告诉他："墙角有一把锤子。"

弟子不管瞪大眼睛，还是眯成小眼，仍然伸手不见五指，只好说我看不见。

佛祖点燃了一支蜡烛，墙角果然有一把锤子。

佛祖问："你看不见的，难道就不存在了吗？"

看不见的事物，不等于不存在。肉眼并不能洞察生活的全部，看不见的事物却比看得见的更为真实，也更为重要。比如空气是透明的，谁也抓不住，但它确确实实存在，而且人离不开它。X 光线、电磁辐射也看不到，但你长期待在那样的环境中，身体肯定会出问题。

一些年轻人，天天电子产品不离手，结果想生孩子却生不出来，到医院一查，原来是整天跟电子产品在一起，辐射太强，影响了生育。你说亏不亏？明明挺健康的一个人，却被这些看不见的东西整得差点断子绝孙，代价实在太大。所以我劝那些整天机不离身的人们，一定要注意身体健康。看不见的东西往往最厉害，你看现在打仗都不准备千军万马了，一个导弹就能让一个城市完蛋。

一个住在深山老林里的老太太，从来没听过音乐，没看过电影，没吃过西餐，那她能说世界上没有这些东西吗？现在许多人根本没见过狼、蛇或其他猛兽，这些动物只存在于电影里，那这些动物就都不存在了吗？所以“存在”这个东西，要看你的经历和眼力，还有想象力。

现在的世界跟以前不一样了，某个地方出了重大事件，全世界马上就知道了。在几百年前的今天，南半球的人根本不知道北半球的人长什么样。当几个文艺小青年在谈论文学和音乐时，也许他们的语言普通人根本听不懂，但并不代表他们的造诣是不存在的，只是你无法理解而已；孩子们整天痴迷于游戏角色，说着网络语言，大人们听不懂，但他们就是实实在在地交流着。

中医里面讲的经络，我们统统看不见，虽然科学也无法探索，但如果找对了穴位，打通了经络，很可能身上的病就这样好了——这是事实，也是现在中医很火的原因。它神秘，但它真的能治病，现在许多人都患有慢性病，正好需要中医的慢调养来医治。

阴云密布时我们看不见太阳，但不能说太阳不存在；黑暗之中我们看不见道路，但不能说道路不存在；在一楼我们看不见顶楼的风景，但不能说风景不存在；不识字时我们读不懂书籍，但不能说书中的智慧不存在。在忙忙碌碌中迷失了自我，但不能说自我不存在，只要你用心去找，总还是能找得回来的。

只有盲人才会用心“看”世界

云岩禅师正在编织草鞋的时候，洞山禅师从他身边经过，一见面就说道：

“老师，我可以跟您要一样东西吗？”

云岩禅师回答道：“你说说看！”

洞山不客气地说道：“我想要你的眼珠。”

云岩禅师很平静地道：“要眼珠？那你自己的眼珠呢？”

洞山道：“我没有眼珠！”

云岩禅师淡淡一笑，说：“要是给你眼珠，如何安置？”

洞山无言以对。

云岩禅师此时才非常严肃地说道：“我想你要的眼珠，应该不是我的眼珠，而是你自己的眼珠吧？”

洞山禅师又改变口气道：“事实上我要的不是眼珠。”

云岩禅师终于忍不住这种前后矛盾的说法，便对洞山禅师大喝一声道：“你给我出去！”

洞山禅师并不讶异，仍非常诚恳地说道：“出去可以，只是我没有眼珠，看不清前途的道路。”

云岩禅师用手摸一摸自己的心，说道：“这不早就给你了吗？还说什么看不到！”

洞山禅师当下省悟。

禅师所给的不是看得见的“肉眼”，而是看不见的“心眼”。这里所谓的“心眼”，不是我们平常所说的要心眼，而是指透过事物表象看本质的心灵之眼。

在日常生活中，我们常常只是看到事物的表面，看到的只是一个人的言行。其实一切事物或人，要想看到本源的东西，是需要我们换个角度，用心灵去洞察，这样我们才不至于被误导、被迷惑。

古希腊有句谚语：“仅仅用眼睛是无法看到那些看不到的东西的，只有盲人才知道用心看世界。”在生活节奏加速，物质压力骤增的当今社会里，我们拥有“一个人的时间”越来越少，无法聆听来自心灵的声音。每天忙忙碌碌，为生活琐事而烦恼，不知不觉迷失了自我。这种现象，可谓现代人的悲剧。

解决之道何在？用心看世界，才能看到事物之根本。

有一次，道吾禅师问云岩：“观世音菩萨有千手千眼，请问你，哪一个眼睛是正眼呢？”

云岩：“如同你晚上睡觉，枕头掉到地下，你没睁开眼睛，手往地下一抓就抓起来了，重新睡觉。请问你，你是用什么眼去抓的？”道吾禅师听了之后，说：“师兄，我懂了！”“你懂什么？”“遍身是眼。”云岩禅师一笑，说：“你只懂了八成！”道吾疑惑地问：“那应该怎么说呢？”“通身是眼！”

“遍身是眼”是从分别意识去认知的，“通身是眼”是从无分别心性上显现的。我们有一个通身是眼的真心，为什么不用它彻天彻地观看一番呢？

拨开世俗的繁华与迷雾，穿越肤浅和虚无的外表，用心看世界，才能还世界以真实。当我们用心来看这个世界的时候，你的心在哪里呢？用心看世界，一是要心静，二是心中不能只装自己，三是用多种方式去看，四是不仅仅去看，还得去感受。

我们大多数人，一生极少用“心眼”去看世界，大多数时候是用肉眼、俗眼、势利眼观看这个世界，这也就是为什么我们眼里的世界如此枯燥乏味的原因。所以，不妨关掉手机、电视、电脑，闭上眼睛，坐下来反省自己的言行。拥有和心灵对话时间的人，不会为生活所累，因为有一种踏实向前的安定感，纵使道路再漫长，也不会疲惫，也不会迷失，会坚定地一直走下去。

用心眼去看世界，在身处逆境的时候，在被人伤害的时候，在茫然不知所措的时候，在身处陌生环境的时候，我们都应该看到这些表面现象背后的本质，看到未来的希望。用心眼看世界，用心去体验生活的美，用心去经历生活的酸甜苦辣。这样岂不是更有意义吗？

每个人都是演员——对待不同的人要用不同的方式

赵州城的赵王特地拜访赵州禅师。这时赵州禅师正在床上休息，他躺着对来访者说道："大王！我现在已老迈，虽然你专程来看我，但我实在无力下床接待你，请别见怪。"

赵王非但不见怪，反而对赵州禅师更加尊重。第二天赵王派遣一位将军送礼给他，赵州禅师一听却马上下床到门外相迎。

事后弟子们不解，就问赵州禅师道："前天赵王来时，你不下床，这次赵王的部下来时，你为什么反而下床到门外相迎呢？"

赵州禅师解释道："你们有所不知，我的待客之道有上中下三等分别。上等人来时，我在床上用本来面目接待他；中等人来时，我下床到客堂里用礼貌接待他；三等人来时，我用世俗的应酬到前门去迎接他。"

有人用"茶、泡茶、泡好茶；坐、请坐、请上坐"的对联嘲讽世人的势利，其实并非势利，实则是正常人情之礼。真人面前就该是真心，就该真情流露。相敬如宾虽然很有礼，但总没小吵小闹的生活来得实在。如果伴侣整天对你说话客客气气，挂着雷打不动的职业微笑，这像是一家人吗？反倒是偶尔发个脾气、使个小性、撒个娇让人觉得更亲切。但如果跟谁就发脾气，那就是不成熟的表现了。

所以对待不同的人，要用不同的方式。日常交往中，有些人喜欢直来直去，虽能秉公处事，刚直不阿，却不太讨人喜欢。对于这些人，你一定要诚实，他们是值得依赖的人物，你的虚伪只会使他们产生强烈的反感情绪。再就是沟通要委婉，这类人做事不灵活，你不能硬碰硬。当他们言辞犀利时，你可以适当幽上一默并加以引导。不能因为他们身上带刺，你就束手无策。

面对那些圆滑变通、左右逢源的人时，你一定要有礼有理。这种人虽然表面随和，但内心却锱铢必较。不要以为他们脸上带笑就是喜欢你，这是因为他们擅长礼节、习惯应酬的缘故。

面对那些只重私利，遇到好事就抢，坏事则躲得远远的人，千万要有板有眼，说一不二。还有那些嘴上一套心里一套的人，一定不能被他们的花言巧语所迷惑。

总之，你要做一个长袖善舞的演员，不同的人要不同对待。对待母老虎不能也做只母老虎，要想战胜她，做只蚊子的胜算更大一些，否则最后必将两败俱伤。

如果时光倒流，世界上一半以上的人将成为伟人

有个叫智通的和尚，三更半夜突然高声大叫道："我大悟了，我大悟了……"惊醒了众多僧人，禅师也被惊醒了。众人一起来到那个僧人房里，禅师问道："你悟到什么了？居然在这里大声叫嚷，说来听听！"

众人以为他悟到了什么高深的禅旨，没想到他一本正经地说道："我日思夜想，终于悟出了——尼姑原来是女人做的。"

结果自然是可想而知——哄堂大笑。大家纷纷道："这也算大悟？"

禅师惊异地看着这个和尚说："是的，你真的悟道了！"

智通和尚立刻说道："师父，现在我不得不告辞，我要下山云游去了。"

众僧又吃了一惊，这个和尚实在太傲慢了，悟到了"尼姑是女人做的"，本来就没有什么稀奇的，可是他居然以此要求下山云游，实在是太目中无人了。

可禅师却不是这样想的，他认为这个和尚是到了下山云游的

时候了，于是不再挽留他，提着斗笠，率领众僧，送他出寺。到了寺门外，智通和尚接过斗笠，大步而去，再也没有任何留恋的。

众僧向禅师问道："他真的悟道了吗？"

禅师感叹道："这个和尚实在是前途无量啊！连'尼姑是女人做的'都参透了，还有什么禅道悟不出来呢？'尼姑原来是女人做的'，这个道理众人皆知，可是有谁能从中悟到佛理呢？这句话从智通和尚的嘴里说出来，却蕴含着另一种特殊的意义——世间的事理，一通百通。"

世界上的事，无论看起来多么复杂神秘，其实道理都是很简单的，关键在于是否看得透本质。明白一个道理容易，要自己去悟出来，却很难。

我认识十几年的朋友老梁，住了半年院终于出院了。但他患的是心梗，犹如定时炸弹，稍不留神，随时都可能会爆炸。我常为怕失去这位老友而忐忑不安。我有很多朋友，都是在不同时期不同环境下结识的，虽然不能说有多么知己，但是彼此却常常牵挂。我想这个世界上最难做的一件事，恐怕就是一个人与另一个人永远一成不变地相处下去。无论朋友也好，恋人也罢。以前总是不明白为什么有些朋友可以一起到那么老还不分开，不明白感情可以这么长久，但现在都悟到了，人生虽空，但情却很真。

民国名人李宗仁曾经说过这样一句话："人如果不是从 8 岁活到 80 岁，而从 80 岁活到 8 岁，世界上一半以上的人都将成为伟人。"年轻的时候是学习思考的时候，但由于阅历少，许多道理只明白，但却不能悟。

而到七老八十时，该经历的都经历了，许多道理也都自然而然明白了。

年轻的时候以为世界属于自己，老了才知道自己属于世界。小的时候觉得自己可以改变世界，长大后才知道自己无能为力，任由世界改变自己，于是一次次失败，一次次站起来。当遭受生活无数打击与磨难之后，我们才逐渐变得成熟。

许多道理都是在自己和别人的错误中明白的。年轻时候总是对长辈们口中的大道理感到厌烦，犯了错误之后才记起这些道理长辈们早已说过无数遍，只是当时自己没有听进去。当我们嘴上说“明白”的时候，心里真的服气吗？真的听懂领悟了吗？

“明白”的终究是别人的东西，“悟出”的才是自己的东西。许多时候我们只是在应付地说“我明白了”，心里却并非如此。任何道理都是一样，那些终身受用的道理靠别人教是学不会的，自我的顿悟和践行才能抵达真理。

知是观念，行是结果。知而不行，等于不知；知行合一，行稳致远。

世上没有“天生”这回事儿

一天，一位信徒请示盘珪禅师说：“我天生暴躁，不知要如何改正？”

盘珪：“是怎么一个‘天生’法？你把它拿出来给我看，我帮你改掉。”

信徒：“不！现在没有，一碰到事情，那‘天生’的暴躁才会跑出来。”

盘珪：“如果现在没有，只是在某种偶发的情况下才会出现，那么就是你和别人争执时，自己造就出来的，现在你却把它说成是天生，将过错推给父母，实在是太不公平了。”

信徒经此开示，会意过来，再也不轻易发脾气了。

经常听到有人说：“那是我天生的习惯，改不了的。”我对这话相当反感，在我看来，这只不过是推卸责任的一个理由罢了。好和坏，是习惯，不是本性，不是与生俱来，更非父母所生。如果把一切坏的都归于父母，这是不孝。

一些人赚钱如老牛，花钱如流水，看到别人发了财，自己羡慕一番后说："我天生不会赚钱，没有数字观念。"这是一种对自己不负责任的行为，谁一生下来就知道如何赚钱呢？哪个不是一步步学来的？如果连你自己都放弃了，那么谁又能救得了你呢？所以说，世上没有天生的习惯，后天学习真的很重要。

世间没有天生的东西，大自然可以将山脉改变，你还有什么不能改的呢？何况是一个小小的习惯？任何人只要有心，没有什么改不了的恶习。

性格是童年时慢慢塑造出来的，但也并非不能改变。当外界对身心的刺激过量之后，就可以使性格发生变化。比如一个孩子很胆小，不敢与人交往，但后来去了军队。这是个大集体，需要与他人交往，需要参加许多集体活动甚至残酷的斗争，这样的环境就能使他变坚强、开朗。而一个开朗爱笑的人，到了一个压抑的环境中，不让他与人交往相处，渐渐地也会沉默寡言。所以环境很重要。

小时候，我记得自己有抖腿的习惯，母亲总是用筷子敲我，但屡教不改。后来长大后看到别人抖腿实在不雅，慢慢就改了这个习惯。有些习惯说是习惯，其实已经是毛病了。有时别人的行为就是自己的一面镜子，觉得好的习惯就可以拿来用，不好的就应该丢掉，不能到了八十岁还被十八岁的人嘲笑。

如果意识到某个习惯不好，却仍不能改掉，原因不过有三：一是对自己不负责任；二是懒惰；三是总为自己找借口。

要知道，性格决定命运。如果性格不改，谁也救不了你。

第七章

快乐的秘诀——为什么你总是闷闷不乐

山川日月、花鸟草虫本没有感情，但人们却很容易沦为感情的奴隶，用自己的悲喜来感受世界。心情好的时候，“春风得意马蹄疾”，看什么都美；心情糟的时候，“感时花溅泪”，看谁都不顺眼。

你为什么不快乐

惠子和庄子是好朋友，两个人感情很好，但他们的观点却经常不一样，在一起讨论问题经常会抬杠。有一次，庄子和惠子在濠水桥上游玩。

庄子说："鱼从容自得地游来游去，它们可真快乐呀！"

惠子说："子非鱼，焉知鱼之乐也？"（你不是鱼，怎么能知道鱼的快乐呢？）

庄子说："子非我，安知我不知鱼之乐？"（你不是我，怎么知道我不知道鱼的快乐呢？）

惠子说："我不是你，固然不知道你，但你也不是鱼，你不知道鱼的快乐完全是可以确定的。"

庄子说："让我们回到问题的原点，一开始你说'你怎么知道鱼的快乐'这句话，实际上是你已经知道我知道鱼快乐才问我的呀，现在我回答你，我是在濠水上才知道它的。"

这就是历史上很有名的濠梁之辩，庄子以一个艺术家的闲情逸致去揣测鱼儿的快乐，而惠子却以一个哲学家的严谨，去探求事物的真实性。

庄子的人生观里，对“逍遥”的追求占了很大的成分，因此他才会从鱼悠闲戏水的态度来判断鱼很快乐。这种根据自己心境来对客观事物进行主观臆断，不是庄子的专利，从我们每个人身上都能找得到。

山川日月、花鸟草虫本没有感情，但人们却很容易沦为感情的奴隶，用自己的悲喜来感受世界。心情好的时候，“春风得意马蹄疾”，看什么都美；心情糟的时候，“感时花溅泪”，看谁都不顺眼。不要随便把自己的想法强加到别人头上，就像父母教育孩子时，父母给孩子买了新衣服，说这衣服好看舒服，而孩子穿在身上却觉得别扭老土；就像你喜欢一个人，纵然他在别人眼中一无是处，你仍觉得他是天下最好的，独一无二。

萝卜青菜各有所爱，异类之间是很难沟通的。你有你的悲伤，鱼有鱼的快乐。一栋普通的房子，工人阶级住了觉得刚好合适，乞丐住着觉得豪华极了，而给亿万富翁去住的话，却觉得简陋寒酸没法住。所以面对同一种事物，不同的人有不同的看法与感受，我们不能强求别人理解自己。

社会上的某些工作，如清洁工，每天扫垃圾，又脏又累，很多人会认为他们不开心不快乐。但事实未必，你不是清洁工，就永远不会真正理解他们的感情和想法。一个整日加班熬到深夜的人，在旁人看来可能会觉得他好可怜好辛苦，但如果工作是他的爱好，享受加班的过程，那么一切压力都跟他无关了。

子非鱼，焉知鱼之乐？其实即便是鱼，也不见得会知道做鱼的乐趣。且看世间庸庸大众，又有多少人懂得做人的乐趣呢？

为什么你的幸福指数越来越低

有位老和尚在临死之前，想把衣钵传给一个能够接任自己职位的弟子。可是在他众多弟子中，有三位悟性都极高，这让老和尚一时很难决定选谁当传人。

在一个月色清明的夜晚，老和尚感到自己的寿命可能即将终止。该到决定继承人的时候了！于是他叫来那三个优秀的弟子，分别给了他们一枚铜钱，吩咐他们出去买一样东西，看谁买的东西既便宜又能塞满禅房。

其中两个弟子听到吩咐后就出去了，可另外一个弟子却端坐在老和尚身边参禅，没有行动。

不久，有一个弟子回来了。他告诉老和尚，他已买来了几车的干草，足可以填满禅房了。老和尚听后，摇头蹙眉，非常失望。

接着，另一个弟子也回来了。只见他从袖中取出一支蜡烛，然后把蜡烛点燃。老和尚见状，口念“阿弥陀佛”，脸上露出了非常满意的神色。

这时，老和尚把目光盯向身旁的弟子。只见这弟子起身，将铜钱还给老和尚，双手合十说："师父，我买的东西就来了！"说完他吹熄蜡烛，禅房一片黑暗，那弟子将手指向门外说："师父请看，弟子买的东西已经来了——"

师徒们向门外望去，只见东边天上，一轮满月刹那间从地平线上跃起，冉冉上升。月光照进禅房，禅房里洒满光辉，一片通明。

老和尚惊讶得半晌无语。禅房里一时寂静非常。许久，老和尚才问坐禅的弟子："你何以想到此法？"

弟子双掌合十谦恭地说："干草固然能装满禅房，但却使禅房不洁而黑暗，虽价廉而实平庸所为；蜡烛小如手指，不值一文，然烛光能充盈禅房，买烛者非上智而不能为也！"他沉吟片刻，神情肃穆，继续道："月光既出，玉宇澄清，月光可谓九天中最无价之物。月光为何物？月明则天明；天明则地明，天明地明则心明；然佛明四宇，佛明我心，可见月光乃我佛也。今我不取一文得到我佛，只因我心中有佛光。"

老和尚闻言，脱下袈裟披在这位弟子身上。

我们不禁会问——幸福究竟是什么？

在现实生活中，我们经常会听到一种满腹牢骚的声音：为什么现在人们的物质生活水平提高了，但幸福感却越来越低呢？

事实上，幸福其实很简单，只要你用心去感受，每人的心中都有会强烈的幸福感。可我们过于匆匆，急功近利，把幸福当成一个高深莫测的终极目标，以致于幸福在身边却视而不见，充耳不闻，久而久之，感觉幸福如此难寻，似乎生活只有忧愁痛苦，没有幸福快乐。当人生过了大半截，大风大浪都经历过，看淡一切浮华时，才明白幸福其实一直就在自己身边。

一个可以替你分担心事的朋友，一个能让你放下一切去追寻的梦想，一个全家老小身体健康的家庭，都是一种幸福。只要我们心中装有快乐、幸福，生活就会像月光一样毫无保留地照在我们的身上，驱散我们心中的烦恼和忧愁。

佛光禅师向学僧提一则公案：古时，人们大多用纸糊的灯笼点上蜡烛照路，某日一位盲者拜访了他的一位朋友，辞别时，因为天色已暗，他的朋友就给他一只灯笼，让他照路回家。

盲者谢绝朋友的好意说道："我不需要灯笼，无论明暗，对我都是一样。"

朋友解释道："我知道你不需要灯笼照路回家，但如果你不带灯笼的话，别人也许会撞着你。因此你最好还是带着。"

话说得有理，这位盲者就带着灯笼回家了，但走不多远，却被来人撞个正着，盲者骂来人道："看你走到那里去了？难道你看不见我手里的灯笼？"

路人致歉道："老兄！你的蜡烛已经熄了。"

盲者道："是你的心灯灭了，岂关我的蜡烛灭呢？"

心中清明的人，光明与黑暗于他来说都是一样，心灯不亮的人，就像是明眼人撞了瞎子的灯笼，还怪灯不亮。光明一直存在，别把自己的不幸都归于命运。

幸福是人的主观感受，而不在于拥有不计其数的财富。很多人的一生都是简单而平凡的，因为心中有幸福，所以幸福。而那些家财万贯身居高位的人，每天心不静睡不安。所以，不妨经常心存感恩之心，在觉得自己不幸的时候，看看拥有的东西，提醒自己幸福就在当下。

不可人云亦云，你要有自己坚信的东西

在马祖门下有一位大梅禅师。

他在参拜马祖的时候，提出一个问题："什么是佛？"马祖没有拐弯抹角，直截了当就告诉大梅："即心是佛！"大梅禅师当下大彻大悟，然后躲在山里一住就是几十年。

有一天，一位出家人上山采药，走来走去，走迷了路。然后在一个石岩之下，见到了大梅禅师，就问他："你到此山多少年了？"大梅回答说："只见此山青了又黄，黄了又青。"

那位出家人又问大梅禅师："我今天走错路了，要怎样才能出得此山？"大梅禅师回答说："随流去。"于是，这位和尚随流而去，回到自己原来住的地方，然后慢慢就传开了这件事。同大梅是师兄弟的一位大禅师，叫盐官禅师。他回忆到三十年前在马祖会下有一僧，得到马祖心印以后，至今无消息。莫非这僧就是那人吗？就派人上山去了解。

上山的人见到大梅禅师就问："你在马祖会下得到了什么？为何一直住在此山。"

大梅回答：“马祖告诉我即心是佛。我就一直住在此山保存此心。”

来者告诉大梅禅师：“马祖的佛法现在又改变了，过去说即心是佛，现在说非心非佛。”

大梅禅师说：“我不管师父的佛法怎么变。他在迷惑我们，我不动摇。他只管非心非佛，我还是即心即佛。”

来者得到这个消息，又回到盐官禅师那里，盐官禅师又告诉马祖这件事。马祖说：“梅子熟也。”就是说，大梅禅师已经见道，真正是瓜熟蒂落，梅子熟也。

在纷扰尘世，人必须要坚持自己的观点，坚持自己的立场。人云亦云，就很容易被牵着鼻子走。面对外面的世界，适应是必须的，但也要坚持自己的本性。你可以不信众神，但一定要相信自己，不要别人随便一说自己就乱了方寸。

如果没有坚信的东西，那么你在生活中无论如何都找不到自己想要的答案。因为答案是自己的答案。只有你信，它才是。拥有自己坚信的东西，你才会觉得自己做的事是有意义的，是愉悦自己的。一个人不相信自己的工作，那就只能混口饭吃；不相信爱情，那就只能打发一下寂寞；对生活没有坚定的信念，那就只能混沌度日……

古希腊著名哲学家苏格拉底有一个关于苹果的故事：

在一次课堂上，苏格拉底拿出一个苹果摆在讲台上，说：“请大家闻一闻空气的味道。”一名学生迅速举起手回答：“我闻到了苹果的香味。”苏格拉底走下讲台，举着苹果慢慢从每一个学生面前走过，并叮嘱说：“请大家再仔细地闻闻，空气中到底有没有苹果的味道？”这时已有半数的学生举起了手。

苏格拉底走上了讲台，把刚才的问题又重复了一遍。这一次，除了一名学生没有举手外，其余的都举起了手。苏格拉底走到这名学生面前说：“你难道真的没有闻到苹果的芳香？”那个学生肯定地回答：“我什么也没有闻到！”

于是，苏格拉底宣布：“他是对的。因为这是一只假苹果，根本就没有味道。”这个学生就是后来大名鼎鼎的柏拉图。

所以，有时候我们坚信自己，冷静地坚持自己的观点，相信自己的判断，这是脱颖而出的前提。如果你人云亦云，不信仰自己，哪里还能有真理的发现呢？

一个人没有自己坚信的东西，就会变成“冷血野人”，就会抛弃身边的一切，来满足自己的私心私欲。没有坚信的东西，再多的道德教育，再完善的法律，对他都不起任何束缚作用，他永远只是固执地活在以自己为中心的世界里。在他的大脑里没有惩罚、制裁、谴责这些词语，同时也不懂得慷慨、关爱、怜悯、帮助这些概念。

或许，坚信只是一种信念。人，因为相信才看见，而不是看见才相信。在古代，我们儒家文化、道家文化、禅学文化，相信恶有恶报、善有善报；而在当代中国，我们在尘世迷失了初心，如何才能安放自己那颗浮躁的心呢？

捷径是弯的——以退为进的处世法

有一位高僧年事已高，一天，他将两个得意弟子慧明和尘元叫到面前，对他们说："你们俩谁能凭自己的力量，从寺院后面悬崖下攀爬上来，谁将是我的接班人。"

慧明和尘元一同来到悬崖下，只见那崖壁极其险峻陡峭，令人望而生畏。慧明先爬，他很快就从上面滑下来，于是他连忙爬起来重新开始，尽管摔得鼻青脸肿，也绝不放弃……

慧明屡爬屡摔，最后一次爬到半山腰时，因为筋疲力尽又没有地方可以休息，重重地摔到一块大石头上，当场昏了过去。高僧不得不让几位僧人用绳索把他救了回来。

接着，轮到尘元了，开始的时候他也像慧明一样屡爬屡摔。当尘元再一次站在山石上，打算再试一次的时候，突然，他放下绳索，整了整衣衫，拍了拍身上的泥土，扭头向山下走去。

难道尘元就这么轻易地放弃了？众僧议论纷纷。高僧却默然无语地望着尘元。只见他来到山下，沿着溪流，顺水而上，穿过树林，越过山谷……最后，没费什么力气就到达了崖顶。

当尘元站到高僧面前时，众人还以为高僧会痛骂他贪生怕死，胆小怯弱，甚至会将他逐出寺门。谁知高僧却微笑着宣布将尘元定为新一任住持。众僧皆面面相觑，不知所以。

尘元向同修们解释道：“寺后悬崖凭人力根本无法攀登。但从山腰处低头下看，便能看到一条上山的路。师父经常对我们说‘明者因境而变，智者随情而行’……”

高僧满意地点了点头：“若为名利所诱，心中则只有面前的悬崖绝壁。天不设牢，而人自在心中建牢。在名利牢笼之内，徒劳苦争，轻者苦恼伤心，重者伤身损肢，甚至粉身碎骨。”

高僧将衣钵锡杖传交给了尘元，并语重心长地对大家说：“攀爬悬崖，意在勘验你们的心境；能不入名利牢笼，心中无碍，顺天而行者，便是我中意之人。”

僧人的鞋子上面，左三个洞右三个洞，为的是让出家人低头看得破。但很多人在欲望面前，却很难看得破，因为许多时候我们的眼睛只盯着自己渴求的东西，很难低下头来看路。

世间痴情之人，执着于勇敢和顽强的人不在少数，在目标面前总是摔得鼻青脸肿，最终却一无所获。在私欲面前，我们少的是一份低头看路的从容，对功名利禄的淡定。低头并不意味着放弃或信念不坚定，只是让紧张的情绪得到稳定和放松，让我们有更多思考和选择的余地，从而更有效率地完成看似困难的工作。

很多人总是抱怨现在的业务难做，总是约不到客户或者客户总是拒绝，其实这不是什么大的问题，只是大家还没有学会“迂回”去做事。

比如你可以先上网查客户的资料，确定客户会不会用到公司产品，做到心中有数，然后再进行约见。打电话直接向客户推销是很难如愿的，所以可以先问谁是负责人，如果对方有固定客户也不要马上挂掉，套个近乎建立初步联系，再找机会去拜访。如果对方还是拒绝，那就说“顺道拜访”，这样对方肯定不会拒绝，等到隔一两天再去拜访，基本算是约见成功了。

两点之间的线段无疑是最短的，但如果你从中间走，就可能有陷阱，或根本无路可行。为人处世也是如此，直截了当很可能会伤到人，所以有时我们需要迂回，需要合作。碰到困难并不一定非要硬冲，可以从障碍旁边绕过去，多走点弯路，也许这样事情才会更顺利。

一个男人如果直接对一个女人说：嫁给我吧！那这个女人一般都不会答应，但如果你先请她吃饭看电影，再慢慢相处一段时间，让她发现你的好，那么再求婚也许就顺利许多了。远大的目标很重要，但低头看路也很重要，如果路不好走，就要以退为进，这样成功的几率就更大些。

历史上，有多少人通过“直路”走上捷径，高官显位，富贵一生，然而又有几人名留千古让后世铭记？反倒是那些走了弯路的文人骚客，李白、苏轼等不胜枚举，我们记住了他们的姓名，他们的思想。事实正是如此，“直路”没有一“直”到底，“弯路”也没有充满不如意。

一天，我无意中看到的这样一首小诗，内心很欣喜——

散步的时候，我走直路，

儿子却故意把路走弯，

我说，把路走直，就是捷径。

儿子说，把路走弯，路就延长。

不是幸福太少，而是你不懂把握

有位老妇人与她的独生子相依为命，不料独子突然得了重病，不治身亡。老妇人痛失爱子，死也不肯离开坟地。不吃不喝的她，四五天后，气息奄奄命在旦夕……

这时有个人来到老妇人身边问道：“您为何在坟间不肯离去呢？”

“我唯一的爱子离我而去，我痛不欲生，只求能与儿子一同离开人世。”

“你想不想让儿子活过来啊？”

“当然想啊！你可有什么办法？”

“你如果能到没有死过人的人家借来一种香火，我便可以拿着此火为你儿子许愿，叫你儿子复活。”

之后老妇人每到一户人家就问道：“你家死过人吗？”

“死过，曾死过不少人呢！”

老妇人继续走，每到一户，依旧问道：“你们家以前死过人吗？”

“死过，我们家祖先都在我们前面死了。”

“怎么会没死过人呢？”回答几乎千篇一律。

老妇人问了不知多少户人家，每家的回答，几乎一模一样，无可奈何地告诉那人说：“我已经问遍所有人家，却没有一家没有死过人，这样的香火看来我是取不回来了。”

这一刻，老妇人若有所思突然顿悟一些事情……

人生有很多不如意的事，不只是你一个人遇到而已。当你觉得快撑不下去的那一刻，试问跟自己一样际遇的人，他们又是如何走过来的呢？再检讨一下为什么别人可以，自己却不行，原因就在于是否拥有一颗淡定的心。

当你遇到挫折时，说不难过肯定是骗人的，人有七情六欲怎么能做到无泪？但回想一下人生过程，谁不是从挫折中学习，在挫折中长大的呢？什么都没有的人，也可以告诉自己，感谢父母赐我健康的身体；连身体都不健全的人，至少可以感谢老天让自己看到这美丽的世界。

现实中有许多人身在福中不知福，明明身边的老婆温柔贤惠，却非要在外面沾花惹草还美其名曰“爱情”，最后闹得鸡飞狗跳；年轻人沉迷于虚拟的爱情，在网上爱得忘乎所以，而真正见面时才发现对方与自己心目中所想相差甚远；还有些人天天做中五百万的春秋大梦，工作时马虎对待，被老板批评了怀恨在心。

我认识一个年轻人，说起话来头头是道，说自己能开超市，会做设计，能做业务，对房地产很了解，股票基金也很精通，还会写小说，真可谓十八般武艺样样齐全。他那时正做地产销售经理，但心不在房地产上，他想干大事业，想回家专职炒股发大财。又见到他时，他真的已经辞职不干了，我问他炒股赚了多少，他唉声叹气地说这几年的血汗钱都砸在上面了。

我还有一个教授朋友，已经过了不惑之年，但满心罗曼蒂克，与身边的发妻感情不和，跟学校的一个女学生好上了。他甚至想抛弃妻子来场旷世爱情，没想在他离婚协议书都拟好的时候，那女孩却失踪了。原来那女学生图的不过是教授的钱——那女孩胃口很大，教授几十年的存款基本都填进去了。后来教授气得脑溢血，躺在病床上被发妻照顾着，却还念叨着那女人的名字，别人说她不好他还跟人急，真是不知悔改啊！

当母亲为你做好热乎乎的早餐，当父亲帮你修理那裂口的水管，当受到挫折时，家人与好友所给予的温暖的关心与鼓励……你一定要学会珍惜，亲情、友情是无价的，不要在失去后才后悔曾经的拥有，那将是人生最大的遗憾。

年轻的时候不要挥霍青春，因为青春短暂，不要以为自己会永远年轻，不要等人老珠黄、风度不再时，才后悔年轻时没有好好努力。百年修得同船渡，千年修得共枕眠，缘分也不是一天就能修成正果的，现在与你共处一室的，正是千年前你所珍爱的人。

珍惜当下的幸福，不是停滞不前，更不是沉湎过去不争取未来，而是把现在的每一刻都当成人生的驿站。学会休息就有了动力，学会珍惜就有了快乐。

与其追求遥不可及的东西，不如珍惜眼前拥有的一切！

用心体验当下快乐的人才是最睿智的！

因为未知，所以幸福

在同一条石板小道上，上山的和下山的擦肩而过。

上山的虽汗流浃背，却兴致勃勃，并主动地和下山的打招呼：“山上好玩吗？”

下山的疲惫不堪，连连摇头：“一座破庙，几尊菩萨，没意思。”

上山的不以为然：“噢，是吗？上去看看再说。”说完擦了把汗，继续向上攀登。

过了一段时间，这拨儿上山的下来了，又碰上兴致勃勃向上爬的人：“山上好玩吗？”

“一座破庙，几尊菩萨，没意思。”但上山的仍不以为然：“噢，是吗？上去看看再说。”

这就是我们的世界，这就是我们的生活。

在各种各样的“山”上，不断地有人上去，也不断地有人下来。说婚姻是个“围城”的人，都是结过婚的人；说山上“没意思”的人，都是从山上下来的人。

我有个朋友，人到中年，曾经沧海，阅人无数，见惯了春风秋月，对一切都不再大惊小怪，也无欲无求，所以处处显得从容而淡然。一次他单位的同事说：“你日子过得真好！”朋友问：“怎么好？”同事说：“什么都有，什么都不在意，潇洒！不像我那么累。”朋友笑笑说：“且不说我也经历过你这个时期，再说，人生累点不是更有意思吗？”

是的，人活的是一个过程。要不然，明知都要死，为什么还活着？如果你生活优越，不必上大学，不必考虑就业，不需要工作，不需要恋爱结婚，不需要生儿育女，一切都有人安排好了不用自己担心，这样的人生还有意思吗？

因为未知，所以幸福。如果你知道明天会遇到什么样的人，走什么样的路，吃什么样的饭，发生什么样的事；如果你知道以后会娶什么样的妻子，生什么样的孩子，去哪所学校上学，以后从事什么样的职业；甚至知道自己暮年时在哪所公园打太极，埋葬在哪所公墓，你还会快乐吗？

有个法官判案，妻子状告丈夫总是在她看一本书时提前告诉她故事结局。听起来很好笑，其实这是真理，一本书，一部电影，如果你已经知道了结局，还有看下去的必要吗？我们要享受的是那个猜测的过程，跟主人公一起悲欢离合，这样才有意义。任何一部作品也逃不出两个结局：喜剧或悲剧。

我只想说明一个道理，那就是人生重在过程，而不是山顶的景色如何。在这个过程中你努力过，奋斗过，就能证明你的才华，你的能力，结果并不重要，因为命运不一，起点不一，结果说明不了什么。

一个人宁可追求虚无，也不可无所追求。所谓醉过才知酒浓，爱过才知情重。经历了就是一种财富，哪怕这种经历让人饱受风霜，我们也不会因经历过而后悔。

快乐生活平衡法则

一个和尚因为耐不得佛家的寂寞就下山还俗去了。

不到一个月，因为耐不得尘世的烦恼，又上山了。

不到一个月，又因不耐寂寞还俗去了。

如此三番，老僧就对他说："你干脆也不必信佛，脱去袈裟；也不必认真去做俗人，就在庙宇和尘世之间的凉亭那里设一个去处，卖茶如何？"

这个还俗的人就讨了个老婆，支起一个茶店。

老僧的指引很对，半路子的人只能做半路子的事。

这个和尚让很多人觉得面熟，在哪里见过呢？

找来找去，却发现其实自己就是这个和尚啊！许多人一直以来都过着这样的生活。这些人有雄心壮志，每天都在梦想着做出一番惊天动地的事业，可因为觉得遥不可及而放弃了；想苟且偷生懒散度日却又觉得对不起父母。最终只能过着这种半空中的日子，也爬不上去，也掉不下来——于是直到垂垂老矣也一事无成！

“半路子的人”想成功，但怕吃苦；不成功，又心有不甘；想装清高，又耐不得清贫；不装清高，又放不下面子；想招人喜欢，又抛不下“小我”；不招人喜欢，又忍不住怨气。如此之人，如何才能收获完美的人生？可见，半路子的人只能做半路子的事，如果你上不得，也下不得，那不如安心在中间找个平衡点，像小和尚那样开个茶店也不错。

一个人只有找到内心的平衡点，才能感受到幸福。所谓平衡，用现在流行的词语就是“和谐”，复古一点就是中庸，即“增之一分则太长，减之一分则太短”，一切都是恰到好处。如果能够做到这一点，你也许不能获得大人物的成功，但至少还能得到人生的幸福。

世间万物要想生存都需要一个平衡点，没有平衡天会崩地会裂，世界将充满灾难。人生更是如此，每个人的生活条件不同，有穷有富，有高有低，有好有坏，找准了平衡点，就能各得其乐，而找不到的话，人生将会痛苦万分。

穷人有穷人的平衡点——其实穷人也是相比较而言的，不跟富人比，就不会觉得自己穷。根据自己的条件确定一个穷富标准，这个标准就是平衡点。你的所劳所得能维持衣食住行，自己满足，就会觉得幸福。而如果你吃大米羡慕人家吃饺子，就会觉得自己的大米不香；你穿布衣羡慕人家的真丝，就会觉得自己的衣服难看；你步行走路羡慕人家坐车，就会觉得越走越累。这样你的生活就会满是痛苦，就会感觉活着很累。

对有钱人来说，也需要寻找一个平衡点。如果挥霍无度，为富不仁，灵魂被金钱扭曲，没有亲人朋友，那么肯定得不到幸福，肯定会招人骂，就算不遭人暗算，也终有一天会坐吃山空，走向灭亡。如果你正确对待金钱财富，坚守做人的标准，把多余的财富用于慈善，那么也就找到了平衡点，生活将丰富多彩，被世人敬仰，成为一个幸福的人。

当然，幸福并不是一成不变的。在欲望与现实之间有一个阀门，它们相互消长，就如同打太极一样，达到阴阳调和。充满欲望的人过于浮躁，看什么都烦闷无比；幸福的人看周围的事物，大都是积极而美好。我们需要在欲望和现实之间找一个和谐的平衡点，让自己的内心可以安然地淡定下来。

在欲望大潮的冲刷下，世人根本无暇领会什么是真正的幸福。有爱情滋润的希望得到更多的艳遇，相敬如宾的夫妻羡慕别的家庭恩爱，有了三居室的时候看到的则是别人的花园洋房，拿了奖项的时候希望站在更高的领奖台上。永远是这山望着那山高，永无尽头，至死方休。人往高处走，这种欲望是人类进步的源泉，但不能超越自己的能力范围，去做一些力不能及的事，到头来一生必将碌碌无为，郁郁而终，被欲望主宰了自己的人生。

幸福，不能简单地克隆别人的生活。即便你获得了跟别人同样的生活方式，这依然不是属于你自己的幸福，因为每个人幸福的定义不同。你不去观察它，不给自己的幸福设定一个期望，你会永远与它失之交臂。

醒醒吧，世人！人生苦短，放开你的胸怀去拥抱生活，幸福离你只有咫尺。众里寻它千百度，蓦然回首，幸福就在灯火阑珊处！

第八章

淡泊明志——可以追名求利，但不能急功近利

又寿郎问:“要练多久才能成为一流的剑客？”武藏答道:“最少也要十年吧！”又寿郎说：“十年太久了，假如我加倍苦练，多久可以成为一流剑客呢？”武藏答道：“那就要二十年了。”又寿郎一脸狐疑，又问：“假如我晚上不睡觉，夜以继日地苦练呢？”武藏答道：“那你必死无疑！”

可以追名求利，但不能急功近利

日本有两位一流剑客，一位是宫本武藏，另一位是柳生又寿郎。

当年，又寿郎拜师武藏。

学艺时，又寿郎问："师傅，根据我的资质，要练多久才能成为一流的剑客？"

武藏答道："最少也要十年吧！"

又寿郎说："十年太久了，假如我加倍苦练，多久可以成为一流剑客呢？"

武藏答道："那就要二十年了。"

又寿郎一脸狐疑，又问："假如我晚上不睡觉，夜以继日地苦练呢？"

武藏答道："那你必死无疑！"

又寿郎非常吃惊："为什么？"

武藏答道："要当一流剑客的先决条件，就是必须永远保留一只眼睛注视自己，不断反省自己。现在，你两只眼睛都只盯着剑客的招牌，哪里还有眼睛注视自己呢？”

又寿朗听了，满头大汗，当场开悟，终成一代名剑客。

在“时间就是金钱”的快餐社会里，一切都讲究速度，一切都追求“快”字——快点吃饭，快点上班，快点睡觉，快点恋爱，快点结婚，快点生子，快点上学……盖楼的速度也是快的，原本需要一年，结果半年便能封顶，房价涨得也快，今天的钱能买得起一个小套房，明天就只能买到房中一个卧室了。

我们感受的也是快文化——平日里有闲心听现代流行音乐，却没耐心听《二泉映月》；有时间喝速溶咖啡，却没时间品茶；手机上看玄幻小说，没时间看哲学著作；只要速效救心丸，没时间养生锻炼……一切都在加快。

可是，当我们满心满眼都是“剑”，是名利，是地位，是权势，哪里还有眼睛看自己呢？所以许多人不管白天怎么忙，得到的成就有多么大，在夜深人静的时候，也开始迷惘于“我是谁”“我在追求什么”“这就是我想要的人生吗”，于是失眠的人越来越多，年纪轻轻身体就出毛病的人比比皆是。

我只想对各位说句：不要拼命练剑，要“练心”，要留只眼睛看自己。人不是一台机器，编出一套程序让它一直运转，直到报废为止。人是生命有机体，需要吃饭休息，需要经常锻炼，需要快乐与幸福，需要爱情与家庭，需要关心与照顾，种下一棵花还得三天两头浇水，个把月施一次肥，慢慢才开花呢，何况是人？整天那么忙干什么呢？赶着去投胎吗？

任何事物的成长都遵守一定的自然规律，当违反事物的规律一味贪快时，就有害而无益了。比如说减肥，想把一年里长出的赘肉在一个礼拜里减除，不惜利用一些方法甚至是药物，结果把身体给搞坏了。

再看看现在的补习班，家长恨不得把知识像割肉一样，从书本里割下来填到孩子的脑袋里去，结果孩子个个叛逆心强，个个跟父母对着干，长大后个个都不知道自己兴趣在哪，理想在哪。因为小的时候，兴趣都被父母扼杀了。

我们不要那么急功近利，要学会“慢”生活。夏天把身体养好了，秋天便不会生病；学习时把基础打好了，佛脚抱不抱都不至于考得太差；正常长成的鸡肉总比激素催熟的更美味；孩子喜欢什么就让他去学什么。慢也是一种文化，慢了才能享受生活，在快步走的同时，也需要慢慢品味人生。

追求名利可以，但不要急功近利。我们要时常提醒自己：做事的时候不要一味地贪多求快，太急功近利反而会欲速则不达，会造成更大的损失。凡真正成大事者，都戒骄戒躁。只有脚踏实地，甘于从一点一滴做起，才会有所成就。只有淡泊明志，才能宁静以致远。

幸福离不开钱，但有钱不一定就幸福

有一位倾国倾城的美貌少女，因一心迷恋钱财，贪图安逸的生活，答应嫁给一个富商。这个富商跟她爷爷一般大，整天只知道发财赚钱。

新婚时，少女生活在纸醉金迷、花天酒地的生活里。后来，她的内心充满了空虚。豪华的宫殿、盛大的宴会再也提不起她的精神了，整天以泪洗面，悲苦难言。她的朋友问她："你那么年轻貌美，生活一定很幸福吧？""哪里？事事不顺心，事事都争议。""难道就没有一致的时候吗？""有，那次家里失火，我们倒是一齐跑出来的。"

对于世人来说，幸福是一个美好的名词，但幸福究竟是什么样的呢？太多的人嫌自己钱不够多，总认为自己有了钱就幸福了。可你看看那些有钱的人，真的就很幸福了吗？

钱跟幸福有关，但却不能完全划等号。真正的幸福在亲密无间的关系中，如果家中亲人缺乏真情，那么即使住着金碧辉煌的大房子，拥抱着全世界的财富，你也不会感觉幸福。

我们小区里有个废品收购站，由一对夫妻坐阵。经常是丈夫出去捡废品，妻子在小房子旁边收拾整理，分类完毕后再由丈夫拉出去卖。从那里经过时，经常都能看到妻子认真地从垃圾里面翻找东西，丈夫哼着小曲把东西装车，两人的对话是简短的，但看起来却是那样的和谐。有个阳光明媚的午后，我去楼下买东西，刚巧又碰到这对夫妇，只见妻子抱着丈夫的头在给他掏耳朵。这，又何尝不是幸福？

有些人穷其一生追求成功，享受了成功的喜悦，但却丢失了幸福的笑声。也许他会说，成功是伟大的，家庭是渺小的，但无论你怎么看待幸福，香车靓房，前呼后拥，这都不是真正意义上的幸福，真正的幸福是阖家团聚桌上的欢声笑语，是夫妻相知相伴的白头到老，是儿孙绕膝的天伦之乐。这才是抛弃了虚伪装饰的幸福本色。

在家庭的幸福面前，所有的显赫都显得微不足道。一个权势显赫的男人，如果整天只知道赚钱不知道回家，一个女人如果进了家门仍是吆三喝四，那么这样的家庭是不幸的。在家庭里面，只有普通的儿子、丈夫和父亲；女儿、妻子和母亲，任何头衔都与家庭无关。所以说，夫妻间的平等是家庭美满和谐的前提。

幸福与金钱有一定的关系，但它们不是相辅相成的，也不会成正比。物质的享受只能使人产生一定的满足感，却不能持续下去，因为人的贪念是无止境的，没有精神追求会使人失去斗志，失去生活的激情，最终失去本心。

失去本心的人，纵然富可敌国，他也是最贫穷的。

不贪心是戳穿一切圈套的秘密武器

无果禅师为了专心参禅，在深山一住就是20年。

这些年来，有一对母女细心照料他。然而20年来，他并没有取得太大的成就，他认为自己无法在这里修行得道，所以打算出去寻师访道，解除心中的疑惑。

临行前，这对母女对他说："禅师，您再多留几日吧，路上风寒，容我们为你做一件衣服，再上路不迟。"禅师盛情难却，只好点头答应。

母女二人回家后，马上着手剪裁衣服。衣服做好了，又包了四锭马蹄银，送给无果禅师做路费。禅师心怀感激，接受了母女二人的馈赠，于是收拾行李，准备第二天一早就走。到了晚上，他坐禅养息，半夜里突然出现一个童子，后面有许多人吹拉弹奏，扛一朵很大的莲花，来到禅师面前，说："禅师，请上莲花台！这就是你要去的地方。"

禅师心想："我的修行还没有到这种程度，这种情况来得太早了，恐怕是魔境。"于是禅师就不再理会。童子一再说："机会就只有这一次，错过了就再也不会有了。”万般无奈，禅师就把自己的拂尘插在莲花台上。童子和众多乐手便高兴地离去了。

第二天早上，禅师正要动身时，母女二人手中拿了一把拂尘，问道：“这可是禅师之物？昨晚怎会从家中母马的肚子里生了出来？”

无果禅师听后异常吃惊，说道：“若不是我定力深厚，今天已经是你们家的马儿了。”于是将马蹄银还给母女二人，作别而去。

如果哪一天，你不劳而获得到了一罐金子，走路踢到一沓钞票，购彩票中了奖，在惊喜地面对这些诱惑时，你会有什么举动呢？

遇到这样的好事时，一定要想想：为什么获奖的总是我？获奖真的就如此轻而易举吗？为什么我运气就这么好，好事都轮到我？这其中欺诈的成分有多大？

天上不会掉馅饼，这是古训。圈套总是会诱骗到那些想不劳而获或好逸恶劳的人上当。骗子利用短信“恭喜你中奖了，请你寄多少钱来即可领奖5万或是50万”，好多人竟然上当受骗，真让我觉得不可思议。世上哪里有这么多好事呢？今天中奖十万，明天又中一百万，你以为那些人都是印钞票的？你以为自己真那么有福分，好事都轮到自己头上？

馅饼是相对的，陷阱却是绝对的。一块大馅饼下面，掩盖的可能是个更大的陷阱！比如减价、抽奖、买赠等形式，都是商家的一种经营策略，如果一味免费，经营者如何生存下去？所以，免费只是为了吸引顾客，扩大营销，实质上仍然是为了赚钱，把免掉的那部分费用计入成本中，羊毛出在羊身上！

俗话说，一分价钱一分货，你真以为三百块能买个笔记本？寄块砖头就是让你用来醒脑的！还有一些是用小便宜引诱你高消费，比如街边说的免费护理皮肤，体验之后就该让你消费产品了，到时只会花很多钱买一大堆没用的东西回来。

之所以会被骗子牵着鼻子走，就是因为我们太贪心。常言道，“苍蝇不叮无缝的鸡蛋”，如果我们人人都能克服贪小便宜的心理，任何骗术都会失灵。

见到美色，唯恐心受到诱惑、连忙把眼睛挖出来是愚蠢的行为。因为心才是受诱惑的主角，邪恶之心如能斩断，作为配角的眼睛就不会被迷惑了。不贪心，不要被突然而至的好运迷惑，突然而至的东西往往是不真实的。

这山总比那山高，到了这山没柴烧

一天，佛光禅师开讲禅门真理以后，徒众甲向禅师禀告道：“老师！生死事大，要了生脱死，唯有念佛往生净土，所以弟子想到灵岩念佛道场去学念佛法门。”

禅师听后，非常欢喜地回答说：“很好，你去学净土念佛法门回来，能让此地佛声不断，使我们的道场真正如莲花世界。”

佛光禅师和徒众甲的话刚说完，徒众乙立即起立合掌禀告说：“持戒能让心灵获得更多自由，佛门没有比戒律再重要的事。老师，所以我想到宝华山学戒堂学律法。”

禅师听后，仍然欢喜地回答道：“很好！你学律回来，能让我们道场具有三千威仪，真正成为一个六和僧团，真是太好了。”

佛光禅师的话刚说完，徒弟丙也整衣顶礼说道：“老师！学道莫如能即身成就，弟子思前想后，想现在就到西藏学密去。”

禅师淡淡一笑，即刻答道：“很好！密宗讲究即身成佛，你学密回来，影响所及，我们这里一定多人当身成就金刚不坏身。”

佛光禅师为甲乙丙弟子这样回答后，在座旁的侍者很不以为然，因此就非常不满地问道：“老师！您老是当今一代禅师，禅是当初佛陀留下的以心印心的法门，成佛作祖，没有比学道参禅更重要的事，他们甲乙丙等应留下来，在您的座下与您学禅，以期直指人心、明心见性才对，您老怎可鼓励他们走呢？”

佛光禅师听后，哈哈大笑说道：“我还有你啊！”

我们经常会听到周围人这样抱怨：“我真羡慕你，工作那么清闲，没有压力，挣钱不多但生活也没有忧虑，每天下班都有充足的时间去享受天伦之乐，我啊，唉——有什么乐。”而对方就说：“好？上班无所事事地在那儿等着到点下班，回家就是柴米油盐酱醋茶。哪儿有你好，丰富。”

小孩子仰慕大人的成熟稳重，大人会怀念小孩的清纯率直；女孩子向往男孩子的坚强豪放，男孩子会偷偷艳羡女孩子的娇媚灵动；普通人艳羡名人的卓越尊显，名人又何尝不垂涎普通人的平凡自适……生活中，有些人常常抱怨自己生不逢时，怀才不遇，并感叹上苍的不公，名利与自己无份，富贵与自己无缘，却对自己的拥有视而不见。费尽心思去追求，明知不可为而为之，得到的往往是一枚难以吞咽的苦果，其结果是既没种到别人的田，还白白荒了自己的地，得不偿失。

其实，一个人能够来到这个世界就是一种福气。无论你是谁，身在何处，一定会有许多熟悉的或陌生的人在羡慕着你。试想，当我们在羡慕别人的时候，自己也是别人眼中的风景，那么我们就会心平气和一些，心满意足一些。

唐代无尽藏比丘尼有诗云：“终日寻春不见春，芒鞋踏破岭头云。归来偶把梅花嗅，春在枝头已十分。”可能是距离产生美，由此岸看彼岸，由此山看彼山，龌龊和垃圾看不到，见到的都是光明和美好。及至身临其境，才会恍然大悟，原来“太阳底下无新事”，这山那山，都是一样，可能还没有原来的山好。

一个人不是有大鱼大肉吃，就可以快乐，或拥有一栋大楼，就能幸福。之所以有缺憾，只因为我们不知足。有欲望不是罪恶，正常的欲望是可以被满足的，但过分的欲望势必会造成缺憾。如果总是抱着“这山总比那山高”的心态，那么只会“到了彼山没柴烧”。

所以，我们要找到一颗淡定的心。当有一天我们不唱歌不跳舞，不看电影不打牌，不喝咖啡也不谈恋爱，什么娱乐都没有，照样也能过得很幸福，那么你便真正拥有了一切！

别以为有权就能摆平一切

慧忠禅师在慧能大师处印证以后，便到南阳的白崖山上度了四十余年，从未离山一步。直到公元761年，他才被唐肃宗邀到京城，尊为国师。

在某次法会上，肃宗问了很多问题，而慧忠禅师却不看肃宗一眼，肃宗生气地说："我是大唐的天子，你居然不看我一眼？"

慧忠问道："皇上可曾看到虚空？"

肃宗回答："看到了。"

慧忠又问："那么，虚空可曾对你眨过眼？"

肃宗无话可对。

事实上，不仅虚空，花鸟树木、爬虫走兽都不会对君王眨眼，人的权力只对人有效——甚至对淡泊一切的慧忠禅师都无效。所以，千万别以为自己有权，就可以无所不能。

不畏强权的人从古至今都多不胜数，南北朝时北魏大臣古弼，为了国家利益拒不向皇帝提供好战马来打猎；南宋时的文天祥，面对强大的元朝统治者，绝不屈服；明代的海瑞，敢于死谏昏庸的嘉靖皇帝；“砍头不要紧，只要主义真”的夏明翰……实在太多了！别以为自己是个官就很了不起，任何一个官都是人民养着，总统今天拿着总统的权利为所欲为，明天就可能被副总统替代！

你是书记又怎样，贪污腐败露出马脚了，照样被查办；你是局长又如何，生活不检点照样被撤职。有权有势又怎样，以为做得天衣无缝，却落得锒铛入狱！世界其实是很公平的，好人总会有好报，正义总会得到伸张，法律也不是白定的。谁以为有权就能摆平一切，那他迟早会遭到报应！

有人说，每天早上醒来，想到要还多少房贷，要赚多少生活费就觉得头大。每天人们都像背着沉重的枷锁一样艰难向前迈步，因为每个人都被四道墙所束缚，使人们像蹲监狱一样失去了自由。为了名利、地位，有些人可以拦路抢劫、坑蒙拐骗；禁不住美色诱惑，抛弃结发妻子另觅新欢；为了争夺名利不顾廉耻地溜须拍马、低三下四。

这四道墙，就是财色名利。这四道墙围成了一个高不可攀而又不可逾越的牢笼，把人紧紧地困在里面。那么，如果你想获得幸福，就需要能跳出自我的圈子，努力来攻破这四道墙。拆毁一道墙就多一条路，如果能将四道墙都拆除，便能获得真正的自由。

然而，世人能做到舍弃名利的人又有几个呢？如今社会没有名利寸步难行，只要“君子爱财，取之有道”，都是值得肯定的。远离世上的财色名利固然是好，但是与财色名利打成一片，而又不被财色名利所利用，那才是真正的本事。

当你有权的时候，应该好好利用手中的权力——当然是做好事，不要整天计较得到多少金钱，耳朵专挑喜欢的话听，谁对自己稍有不恭就想马上办了他。其实大可不必计较那么多，谁对我好，谁对我坏都不重要，连虚空都不需要人眨眼，人又何必要求虚空眨眼呢？既然连皇帝都有做不到的事，不能令虚空眨眼，我们又何必计较权力太小不能改变世界呢？

世人在俗世里为名利奔走，视网膜上沾满了阴暗和虚伪，那些纯净、简单、美好早已远离了瞳孔。如果患了眼部疾病还可以去动手术治疗，可如果“心灵之眼”发生了病变，又该拿什么去医治？

功名再大，逃不脱生死

有一个叫道岫的和尚，始终不能开悟，眼看比他晚入参禅的同伴日益精进，想想自己实在没用，心想还是做个行脚的苦行僧吧！于是打点衣服准备远行。

道岫禀告道："师父！学僧辜负您的慈悲，在您座下参学已有十年之久，对禅仍是一点觉悟没有。我实在不是学禅的苗子，今向您老辞行，我将云游去。"

广圄禅师非常惊讶问道："哦！为什么没有觉悟就要走呢？难道到别处就可以觉悟吗？"

道岫诚恳地再禀告道："我每天除了吃饭、睡觉之外，都精进于道业上的修持，但丝毫不能开悟。反观同参的道友们一个个都修得正果、回归根源。目前在我心的深处，萌发一股倦怠感，我想我还是做个行脚的苦行僧吧！"

广圄禅师听后开示道："悟，是一种内在本性的流露，根本无法形容，也无法传达给别人，更是学不来也急不得的。别人是别人的境界，你修你的禅，这是两回事，为什么要混为一谈呢？”

道岫道：“师父！您不知道，我跟同参们一比，立刻就有大鹏鸟与小麻雀的惭愧。”

广圄禅师装着不解似的问道：“怎么样的大？怎么样的小？”

道岫答道：“大鹏鸟一展翅能飞越几百里，而我只能是草地上的方圆几丈而已。”

广圄禅师意味深长地问道：“大鹏鸟一展翅能飞几百里，已经飞越生死了吗？”

道岫听后默默不语，若有所悟。

俗话说，人比人，气死人。

比较、计较，这是烦恼的来源。大鹏鸟一展翅千八百里，但不能飞越生死大海。小麻雀与大鹏鸟从速度上比较有快慢，但本质上却是一样的。都是生命，都有死的一天，你现在功名再大，也逃不掉生死。

在这个世界上，没有完全相同的两片叶子，每个人都是完全不同的个体，因此根本不具可比性。比的基础是在同一个起跑线上，可又有谁与谁真正站在同一条起跑线上呢？这时不如汲取一些别人的成功经验，内化为自己的优秀品质，别人的成功带给我们的应该是启示和思考，而不应该成为我们退却和失望的理由。

现代社会，一些人的对比心理很严重，今天看到张三买了新车，就抱怨自己丈夫没本事；明天看到李四换了新房，就感觉自己怀才不遇，老板给的薪水太低；再看到身边的人家庭幸福整天都是欢笑，就怪老天不公平。在这些人眼里，自己一无是处，什么都是别人的好。这样比较，除了让自己更加消极，生活更没追求之外，没有什么更好的后果了。

他比你富，能为自己多买几年寿命吗？他比你有钱，富得过比尔·盖茨吗？他官大，大得过国家元首吗？对比也是有技巧的，总是比上，就会陷入自卑，总是比下，就会变得傲慢。所以，要平等对比，别人有跑车，你有楼房；别人妻子漂亮，你的妻子温柔体贴；别人的孩子成绩好，你孩子虽然成绩一般但很有创造力。这样比的话，是不是就幸福多了？

其实，只要摆正心态，人与人之间的比较，其实也是生活中一种难得的动力。只要你把对方当成你的目标与榜样，更上一层楼就不再那么难了。或者与过去的自己相比，那么心态也许就会变得更好点。

人生有什么好比较的呢？从根本上说，功名再大逃不过生死，每个人都是一样的，注定了赤条条地来，也将赤条条地去！

第九章

感谢折磨你的人——忍、持、悟

寒山问拾得说："如果世间有人无端的诽谤我、欺负我、侮辱我、耻笑我、轻视我、鄙贱我、恶厌我、欺骗我，我要怎么做才好呢？"

拾得回答道："你不妨忍着他、谦让他、任由他、避开他、耐烦他、尊敬他、不要理会他，再过几年，你且看他。"

感谢折磨你的人

寒冬腊月，一个名为“滴水”的和尚去天龙寺拜见仪山禅师。外面下着很大的雪，可是仪山禅师却不让他进门。那个和尚就在门外一直跪着，这一跪就是三天。仪山的弟子看他可怜，纷纷为他求情，可是仪山说：“我这里不是收容所，不收留那些没有住所的人！”弟子们没有办法，只好纷纷走开。

到了第四天的时候，那个和尚身上皴裂的地方开始流血，他一次次地倒下又重新起来，但他依然跪在那里，雷打不动。仪山下令弟子：“谁也不准开门，否则就将他逐出门外！”

七天后，那个和尚支撑不住，倒了下去。仪山出来试了一下他的鼻子，尚有一丝呼吸，于是便下令将他扶了进去。滴水终于进了仪山禅师门下参学。

有一天，滴水和尚向仪山禅师问道：“无字与般若有什么分别？”

话刚说完，仪山一拳打了过来，大吼：“这个问题岂是你能问的？滚出去！”

滴水被仪山的拳头打得头晕目眩，耳朵里只有仪山的吼声。忽然间，滴水想通了：“有与无都是自己的肤浅意识，你看我有，我看我无。”

还有一次，滴水感冒了，正在用纸擤鼻涕的时候，被仪山看到了，他大声喝道：“你的鼻子比别人的血汗珍贵？你这不是在糟蹋白纸吗？”滴水不敢再擦了。

很多人都难以忍受仪山的冷峻，可是滴水说：“人间有三种出家人，下等僧利用师门的影响，发扬光大自己；中等僧欣赏家师的慈悲，步步追随；上等僧在师父的炉锤下日益强壮，终于找到自己的天空。”

困境就像一个宝库，只要你想学，总有取之不尽用之不竭的智慧。不会从困境中吸取教训的人，成功是遥遥无期的。有个游泳教练的成功秘诀是在训练池里放几条绑住嘴巴的鳄鱼，队员们看到鳄鱼在自己身后，游泳速度就直线上升。为什么呢？这是因为人在困境中才会爆发出惊人的力量。

困难是磨炼英雄的炉锤。唐太宗李世民，十八岁举义兵，二十九岁即帝位。由一个世家贵族子弟一跃成为“一代英主”，除了顺乎历史潮流以外，一个重要原因就是他在艰苦卓绝的环境里，刻苦磨炼自己。

后主刘禅，他真的从小就是扶不起的阿斗吗？不，小时候诸葛亮称他“智量甚大，增修过于所望”，可见他还是聪明的。关键是刘备在世时把他圈养了起来，刘关张三位大将和诸葛亮，人才济济使得刘禅根本没机会出马。没接受过锻炼，一事无成也是必然了。那么，现在的父母，是不是也早该让“小公主”、“小皇帝”们放出“深宫”去历练一番呢？

生活在逆境中的人，不要去抱怨，要学会感谢，感谢它发出的挑战，让你成长得更快；感谢它对你的伤害，让你积累了成功的经验；感谢它对你的冷漠，让你更加珍惜身边的温暖。困境是另一种机遇，向你挥鞭子的人，是为了让你把头抬得更高，跑得更快！

感谢炉锤吧，如果不是它的敲打，你怎么能变成宝剑？

冲动做事就是走火入魔

有一位久战沙场的将军厌倦了战争，专程到宗杲禅师处要求出家。他向宗杲道："禅师！我现在已看破红尘，请禅师慈悲收留我出家，让我做您的弟子吧！"

宗杲："你有家庭，有太重的社会习气，你还不能出家，慢慢再说吧！"

将军："禅师，我现在什么都放得下，妻子、儿女、家庭都不是问题，请您即刻为我剃度吧！"

宗杲："明天再说吧！"

第二天，将军起了一个大早，就到寺里礼佛。宗杲禅师一见到他便说："将军为什么起得那么早就来拜佛呢？"

将军学习用禅语诗偈说道："为除心头火，起早礼师尊。"

禅师开玩笑地也用偈语回道："起得那么早，不怕妻偷人？"

将军一听，非常生气，骂道："你这老怪物，讲话太伤人！"

宗杲禅师哈哈一笑道："轻轻一拨扇，性火又燃烧。如此暴躁气，怎算放得下？”

放下，不是嘴说放下就能放下。在生活中打滚了这么久的世人，染上了数不清的坏习性，内心亟需清净。然而，累积了那么久的坏习性，要改起来也没那么容易，所谓：江山易改，习性难除。怎么办呢？也没什么特别的办法，只有时时刻刻地、点点滴滴地努力了。

人是一种善变的动物，喜怒哀乐变化无常，人逢喜事精神爽，但也不要高兴过头，因为乐极生悲；遇到不高兴的事也不要随便发火，不要在冲动之下做事，因为冲动是魔鬼，一旦受了它的控制，后果将不堪设想。

冲动是思想上的“魔”，冲动做事就会走火入魔，给自己和别人都带来极大的损失和痛苦。当然，冲动也常常带来极大的成功和快乐，甚至改变一个人，一个国家的命运，比如吴三桂的“冲冠一怒为红颜”就是最好的例证。

大家去菜市场买菜，多数人应该都经历过小贩缺斤少两的待遇。我们经常看到一些上了年纪的人为了几角钱跟小贩吵起来，甚至大动肝火。别的不说，就为健康着想，一大把年纪也不值得。那么你可能会说，是他不对，我就想骂他，我只是要个公平。

其实大可不必，当你想生气的时候，按照这个步骤想一想：我在生气——缺斤少两是变相偷盗——我有没有变相偷盗过呢？反思一下，你用的电脑操作系统是正版的吗？你用的软件是正版购买的吗？你在单位用电脑及耗材都是在办公事吗？你呼吸着地球上的空气感谢过地球了吗，为环保做过贡献吗？

想到这里，你就会知道，其实自己跟小贩一样，那么想发怒的心情就没有了。所以在冲动的时候要控制自己的情绪，老虎不发威，没人当你是病猫。

有这样一个案例：妻子正在厨房炒菜，丈夫在旁边一直唠叨个不停，一会说火太大了，一会说油放多了，一会儿又说把锅放歪了，让妻子好不气恼，说："住口，我知道怎么炒菜！"丈夫平静地说："你当然懂，我只是想让你知道，我开车时你在旁边喋喋不休我的感觉如何。"看来学会体谅别人并不难，站到对方的立场上想想就行，这时你就不会想着发火了。

眼睛不要瞪那么大，想发火的时候，深呼吸几次吧！

欲望太多就有了生气的欲望

有一位妇人脾气十分古怪，经常为一些无足轻重的小事生气。她也很清楚自己的脾气不好，但她就是控制不了自己。

朋友对她说："附近有一位得道高僧，你为什么不去向他诉说心事，请他为你指点迷津呢？"于是她就抱着试一试的态度去找那位高僧。

妇人找到了高僧，言语态度十分恳切地向他诉说心事，渴望从高僧那里得到启示。高僧一言不发地听她阐述，等她说完了，就把她领到一座禅房中，然后锁上房门，无声而去。

妇人本想从禅师那里听到一些开导的话，没想到禅师一句话也没有说，只是把她关在这个又黑又冷的屋子里。她气得跳脚大骂，但是无论她怎么骂，禅师就是不理会。妇人实在忍受不了了，便开始哀求，但禅师还是无动于衷，任由她在那里说个不停。

过了很久，房间里终于没有声音了，禅师在门外问："还生气吗？"

妇人说："我只生自己的气，我怎么会听信别人的话，到你这里来！”

禅师听完，说道：“你连自己都不肯原谅，怎么会原谅别人呢？”于是转身而去。

过了一会儿，高僧又问：“还生气吗？”

妇人说：“不生气了。”

“为什么不生气了呢？”

“我生气有什么用呢？只能被你关在这个又黑又冷的屋子里。”

禅师说：“你这样其实更可怕，因为你把你的气都压在了一起，一旦爆发会比以前更加强烈。”说完又转身离去了。

等到第三次禅师问她的时候，妇人说：“我不生气了，因为你不值得我为你生气。”

“你生气的根还在，你还没有从气的漩涡中摆脱出来。”禅师说道。

又过了很长时间，妇人主动问道：“禅师，你能告诉我气是什么吗？”

高僧还是不说话，只是看似无意地将手中的茶水倒在地上。妇人终于顿悟：原来心地就像这只空杯，清澈透明，了无一物，何气之有？

气由心生，心有欲则气生。世人正因有太多欲望，所以才会生活得不快乐。

家庭成员之间也有不和睦的时候，其中原因当然复杂，但归结起来，相当一部分也属气由心生类。比如对孩子，不管他读书刻不刻苦，都感觉不够满意，不好的想让好，好了想让更好，看到他玩了，就忍不住想训斥几句。孩子一恼火，再顶两句，家长更是怒火攻心。其实大可不必这样，每个孩子都有可取的地方，看他的优点，那么他便会朝更好的方向发展了。夫妻间生气，无非是这个嫌菜咸了淡了，那个不愿意做家务，谁谁谁更有本事了，都是些鸡毛蒜皮的事，但也能让家里硝烟四起。

或许谁说了自己一句不好，于是耿耿于怀总想着报复；自己哪里做得不对，怕别人对自己不满意；想跟老板提加薪的事，但又怕老板不乐意，搞得双方不愉快。总之想法太多，于是你越想越气，好像天底下的不公平都落在了自己身上。

不要感叹自己拥有的太少，再大的地方又能如何？你也只能睡一张床而已，再多好吃的，你的胃也就那么大，再多的钱，你难道还想烤火用？

战国思想家荀子认为："贵为天子，富有天下，是人情之所同欲也；从人之欲，则势不能容，物不能赡也。"意思就是，高贵得做天子，富裕得拥有天下，这是人心所共同追求的；但如果顺从人们的欲望，那么从权势上来说是不能容许的，从物质上来说是不能满足的。人生的欲望无穷无尽，爱的欲望，被尊重的欲望，成功的欲望等等。有了欲望就要求实现，欲望部分实现了，又想要全部实现；欲望一时实现，又想要永恒拥有；一个欲望实现了，新的欲望又产生了。人生的过程就是一个不断满足旧欲望、产生新欲望的过程。

所以，在生活中，我们并不是因为拥有的太少变得贫穷，而是欲望超过了自己的实力，总是觉得自己拥有的不够多，从而造成心理的贫穷。

欲望有时就像洪水猛兽，如果利欲熏心，欲壑难填，就会在不知不觉中淹没你，毁掉你。

心平就会气和，气和就会命顺。“拥有世界也只能睡一张床”，让我们抑制贪欲，珍惜拥有，做一个真正的精神富翁。

善待你的敌人，敌人就会消失

盘珪大师说禅时，不但有学禅的人来听，就是各阶层，乃至其他各宗的人，也都欣然受教。他说法既不引经据典，亦不沉迷于学术的讨论；他的话是从心中直接说出，而直接诉之于听者之心。

他的听众愈来愈多，结果激怒了日莲宗的一位法师。原来，这位法师的信徒都跑到盘珪这儿来听禅了。这位法师是个以自我为中心的人，心里很不服气，因此决定到盘珪的寺院找他辩论，以便一决雌雄。

“嗨，禅师！”他叫道。“等一会儿，尊敬你的人自会敬服你的话，但一个像我这样的人就不服你。你能使我服从你吗？”

“到我旁边来，我可做给你看。”盘珪答道。

这位法师昂然推开大众，走向前去。

“到我左边来。”盘珪微笑着说道。

法师走到了他的左边。

“嗯，不对，”盘珪说，“你到右边来，我们也许可以更好谈谈。走到这边来。”

法师傲然地向前跨了一步，走到了他的右边。

“你看，”盘珪说道，“你已在服从我了，因此我想你是一位非常随和的人。现在，坐下来听法吧！”

当一个人对你充满敌意的时候，你该怎么对他呢？一般情况下，肯定同样产生敌意。比如你遇到一条狗，它在向你咆哮，咆哮自然是一种敌意。那么，你可以不对这种敌意产生敌意吗？很多人难以做到。我经常见到，有人对向自己叫的狗产生强烈的愤怒，其实这条小狗根本威胁不到自己，是它自己在瞎紧张而已。

我有一个朋友，她特别喜欢大型犬。每当见到大型犬，她都会喜不自禁地走上前抚摸和拥抱，和它们说话。好几次她这样做时，我都很担心，但结果每次都有惊无险——那些看起来不好惹的家伙都和她处得很好。但它们只是对她这么友善，如果我接近它们，它们却很警惕，甚至发出威胁的声音。因为我没有从心底里喜欢它们，当我用敌意之眼望过去时，自然会激发它们同样的敌意。

如果善待你的敌人，敌人就会消失。家喻户晓的大哲学家苏格拉底，他的妻子是众所皆知的悍妇。一次，苏格拉底的学生不解地问：“老师，您时常教导我们要慈悲、忍让，要懂得做人的道理，师母的凶悍是远近驰名的，您为什么不教化她呢？”苏格拉底说道：“正因为她如此凶悍，如果我能够容忍她，就能够容忍全世界的人了。”这句话遂成了千古名言，其中确实包含了深刻的人生学问和智慧。由此可知，即使是一个很“坏”的人，他也能成就我们的修养。

一旦思想观念转变，你看待世界的心态就彻底改变。当我们觉得每一个人都是在成就我们，每一个人都是在帮助我们成长的时候，那么你的私心就会变小，爱心就会被放大。若是不好好对待敌人，他就永远在你面前，因为敌人是自己制造出来的。如果你认为敌人是来成就你的，敌人就会变成“老师”。

在现实生活中，每个人都会遇到与自己作对的人。这些人心胸狭窄，鼠肚鸡肠，爱嫉妒，对别人获得成就或荣誉感到紧张不安，怒火中烧，不是寻衅滋事，就是背后说风凉话，或者公开指责别人。对于这样的人，我们不必批判他，而应当深入了解他为什么产生敌意，控制自己的情绪，先让自己冷静，这样才能解决问题。

另外，我们还要学会宽容，不要事事都往心里去。如果跟那些恶意的人一般见识，我们的心也被玷污了。为了一点蝇头大的事就横眉怒目，这本质就是不成熟的表现。记住，宽容他人，自己也会好过许多。

最后，人一定要有自知之明，既不自视清高，产生自满心理，也不妄自菲薄，产生自卑感。无论是看别人还是看自己，都应该多角度去看，长处和短处结合起来去看，当你看对方是狗屎时，自己自然也是一堆狗屎。

为什么你要往自己心里装“毒药”

有一个民妇去拜访法演禅师，请示佛门常说的地狱与极乐是真实的还是一种理想，并希望禅师能带她参观到真实的地狱与极乐。

法演禅师立即用脑中所能想象到的污秽轻薄的语言来调戏这个民妇，让这位妇人十分惊讶，刚开始基于礼貌的关系，妇人并没有回嘴。最后实在忍不住了，就随手拿起一根木棍，并大喝：“你算什么禅师？简直是个狂妄无礼的家伙！”说着抡起木棍就朝禅师身上打去。

法演跑到大殿木柱后，对着面露凶相从后追赶的民妇说：“你不是要我带你参观地狱吗？你看，这就是地狱！”

恢复理智的民妇，察觉到自己的失态，急忙参拜道歉，请禅师原谅她的鲁莽。

法演禅师：“你看，这就是极乐！”

天堂地狱在哪里？这有三说：第一，天堂在天堂的地方，地狱在地狱的地方；第二，天堂地狱在人间；第三，天堂地狱在我们的心上。我们的心，不知每天从天堂地狱要来回多少次。

那么，什么是生活里的天堂呢？一颗善良的智慧的心，懂得在什么时候可以给人带来欢乐、带来美好，这就是天堂。什么是生活里的地狱呢？当一个人做损人不利己的事，让别人和自己都陷入一种不可自拔的痛苦，这便是地狱。

想让自己快乐，就要做到以下四点。

第一，把自己当成别人。你要细心地观照自己，在感到痛苦的时候，就把自己当成别人一样安慰，这样痛苦就自然减轻了；当你品尝成功的喜悦时，把自己当成别人，那些狂喜也会变得平和中正一些，不至于乐极生悲。

第二，把别人当成自己。以心换心，站在别人的位置考虑问题，一切烦恼都会烟消云散。这样一来，你就可以学会与别人分享，从别人的快乐中得到快乐，同时真正同情别人的不幸，理解别人的需求，并且在别人需要的时候给予恰当的帮助。比如有人遇到困难时，你想如果自己遇到这样的困境会怎么样？是不是需要有人伸出援手？是不是渴望别人的安慰？这样你就会自觉地去帮助别人了。

第三，把别人当成别人。别人始终还是别人，要充分地尊重别人的独立性，在任何情形下都不可侵犯别人的核心领地，同时也不对别人过于攀附和依赖。比如，结了婚的男女认为应当亲密无间，无时无刻不在一起，其实夫妻双方更需要空间，特别是男人，如果你把他挤得没有一点空间时，可能他就会逃跑。

第四，把自己当成自己。你就是你，你不是任何人，你要有自己的想法和观点，才能让别人感受到你的个性和魅力，以及你的真诚，而不是人云亦云、随波逐流。在很多时候，别人需要的是独到的见解，而不是随声附和。

谣言止于智者——刻意辩解只会越描越黑

白隐禅师一向受到邻居的称颂，说他是位生活纯洁的圣者。

有一对夫妇，在寺院附近开了一家布店，家里有个漂亮的女儿。不经意间，两夫妇发现女儿的肚子无缘无故地大了起来。

这事使她的父母颇为震怒，免不得要追问来由。她起初不肯招认那人是谁，但经过一再苦逼之后，她终于说出了“白隐”二字。

她的父母怒不可遏地去找白隐理论，但这位大师只有一句答话：“就是这样吗？”

孩子生下来就被送给了白隐，此时大师名誉虽已扫地，但他并不介意，他向邻舍乞求婴儿所需的奶水和其他一切用品，非常细心地照顾孩子。

事隔一年之后，这位没有结婚的妈妈再也忍不下去了。她终于向她的父母吐露了真情：孩子的亲生之父是在鱼市工作的一名青年。

她的父母立即将她带到白隐那里，向他道歉，请他原谅，并将孩子带回。

白隐无话可说，他只在交回孩子的时候轻声说道："就是这样吗？"

与禅师心如止水的超然风度相比，那些时刻不忘保护自己，稍有伤害便暴跳如雷的世人应该警醒。谣言止于智者，对于别人的空穴来风，诽谤责难，如果忍不住去辩解，有时可能会越描越黑。

看一下互联网上的新闻，全世界几乎每天都有关于各界名人谣言和辟谣的报道在传播。并非所有无中生有、无处不在的谣言都能影响到名人的生活和心情。有的人一笑了之，觉得既是谣言，迟早会不攻自破，时间能说明一切。鲁迅曾说过一句话："明言着轻蔑什么人，并不是十足的轻蔑。惟沉默是最高的轻蔑——最高的轻蔑是无言，而且连眼珠也不转过去。"很多事都是口说无凭的，你通常不知道传谣言的人是谁，与其着急辩解不如一笑了之，这样造谣言者找不到门，也就不攻自破了。

有些人说，忍让是软弱，你越忍让，他便会登鼻子上脸地越欺负你。但我不这么认为，忍不是软弱而是力量，这是一种感化别人的力量。所谓的"量小非君子，无毒不丈夫"，其实是"无度不丈夫"，没有度量的人就不能称之为丈夫。

也有人说，你侮辱我，就是侮辱了我的人格。人格是最重要的，忍受别人的侮辱，对自己的人格没有任何负面影响，反倒显示了我们人格的高尚。所以，一切冤家对头都不要恨他，他是来锤炼和成就我们的。如果一个人在遭受侮辱时，能够做到淡然处之，这个人才是真正的难得；人家若瞧不起我，而我能一点都不在意，这才是真正了不起的人。但是，世间能找到几位这样的人物?

大人物与普通人的区别就在于：纵使天大的事情，到了大人物这里就没有事情。天大的纷争、动乱、攻击、不满，到他这里就化为乌有。而普通人则闻风便是雨，还不知道事情原貌，就已经吱吱喳喳个不停，开始咬牙切齿了。为什么会这样?因为他渴望得到别人的尊敬，希望保持自己的好名声。如果一个人仅靠尊敬、赞美和鼓励才能生活，那么他实在是一个脆弱的人。

弹片止于洼坎，谣言止于智者。面对谣言与侮辱要能够不生气，尽管坏话说得很厉害，也不过是像拿火去烧天空，虚空中无物可烧，而火却是终归要熄灭的。人的烦恼，都是从心上造出来的，我们的心不动，那么烦恼还会从何处生出来呢?

做人的最高境界——忍、持、悟

唐代丰干禅师住在天台山国清寺。一天，在松林漫步，山道旁忽然传来小孩啼哭的声音，他寻声一看，原来是一个小孩，衣服虽不整，但相貌奇伟。问了附近村庄人家，没有人知道这是谁家的孩子，丰干禅师不得已，只好把这男孩带回国清寺，等待人家来认领。因他是丰干禅师捡回来的，所以大家都叫他“拾得”。

拾得在国清寺安住下来，渐渐长大以后，上座就让他担任添饭的工作。时间久后，拾得也交了不少道友，尤其其中一个名叫寒山的贫子，相交最为莫逆，因为寒山贫困，拾得就将斋堂里吃剩的渣滓用一个竹筒装起来，给寒山背回去用。

有一天，寒山问拾得说：“如果世间有人无端的诽谤我、欺负我、侮辱我、耻笑我、轻视我、鄙贱我、恶厌我、欺骗我，我要怎么做才好呢？”

拾得回答道：“你不妨忍着他、谦让他、任由他、避开他、耐烦他、尊敬他、不要理会他，再过几年，你且看他。”

寒山再问道：“除此之外，还有什么处事秘诀，可以躲避别人恶意的纠缠呢？”

拾得回答道：“弥勒菩萨偈语说：老拙穿破袄，淡饭腹中饱；补破好遮寒，万事随缘了；有人骂老拙，老拙只说好；有人打老拙，老拙自睡倒；有人唾老拙，随他自干了，我也省力气，他也无烦恼；这样波罗蜜，便是妙中宝。若知这消息，何愁道不了？人弱心不弱，人贫道不贫，一心要修行，常在道中办。如果能够体会偈中的精神，那就是无上的处事秘诀。”

寒山、拾得二人佛法高妙，更兼诗才横溢，佛门弟子认为他们分别是文殊、普贤菩萨转世。而且，寒山、拾得二人踪迹怪异，其典型形象总是满面春风，拍掌而笑，民间奉为“和”“合”二仙。

生活中与人交往时难免会出现矛盾和摩擦，有些人有些事总会让我们倍感困扰，解脱不得，我们该如何看待这些让我们困扰的琐碎事情呢？想必拾得的回答已经让大家有所悟了。

其实，没有人故意要与你闹别扭，别人明争暗斗，让他去斗，你不斗气也就不会生气，只管正眼走自己的路，那样才能笑到最后。如果有人看你不顺眼要整你，你就一门心思放在如何反抗上，那么就中了他的计。这时，不妨努力学习提高自己，“再过几年，你且看他”，早就什么都不是了吧？

我一个老友所在的公司，由于换了领导，人事浮动很厉害，个个都想趁着这个机会爬上去，明地里满面春风客客气气，背地里却使绊子，想法子打压，每天单位都是看不见的硝烟。老友是个与世无争的人，每天该上班就上班，该下班就下班，本职工作做得很好，偶尔同事有困难了也会帮助一下，对地位没多大追求。虽然这次提升按说他也有机会，但他根本都没去争过。正在另外两位候选人争得你死我活的时候，没想上头却把老友提拔了上去，让所有人都很意外。

如果把自己当成世界上最没有用的人，我们的烦恼就会减少。正因为每个人都认为自己很有用、特别了不起，于是烦恼就产生了。因为把自己的位置放得太高，当别人在下面稍微动一下，高高在上的自尊心就岌岌可危了。因此，不妨把自己看得平凡一点，这样内心就会很平静。当听到有人攻击你、伤害你、诽谤你时，都会觉得这很正常。

当别人无论怎样都无法激起你的怒气，无法煽起你的恶意，你也就具备了别人无法企及的智慧。少结一些怨气，把愤怒、悲伤、沮丧统统扫地出门，否则当你年迈时就会发现，这一生根本没有多少幸福快乐可回忆，这样的人生是可悲的。人活着不是为了讨别人开心的，更重要的是自己活得轻松快乐，所以，何必在意旁人的闲言碎语？我们根本不必回头去看咒骂你的人是谁？如果有一条疯狗咬你一口，难道你也要趴下去反咬他一口吗？

做人的最高境界就是忍、持、悟。人生有很多事、很多话、很多气需要忍。忍是人生的必修课，懂得忍，人生才能得心应手。“持”则是极具诱惑的生命选择题，因为在你得到的同时就失去了别的东西，毕竟人只有两只手，能抓住多少东西呢？持有的，不要沾沾自喜，没有得到的，不要灰心丧气。失去是另一种得到，学会放弃才能更好地持有。悟是一种生命的境界。三十而立，四十不惑，五十知天命，惟有悟，方能体味人生真谛。

真正能做到这三点的人，为人处世便如鱼得水一样洒脱自由了。

第十章

不要在一棵树上吊死——万病皆可从心医

无德禅师道："你的呼吸便是梵唱，脉搏跳动就是钟鼓，身体便是庙宇，两耳就是菩提，无处不是宁静，又何必等机会到寺院中生活呢？"

人生的意义究竟是什么

神会禅师前去拜见六祖慧能，六祖慧能问他："你从哪里来？"

神会答道："没从哪里来。"

六祖慧能问："为什么不回去？"

神会答："没有来，谈什么回去？"

"你把生命带来了吗？"

神会答："带来了。"

"既有生命，应该知道自己生命中的真相了吧？"

神会答："只有肉身来来去去，没有灵魂往往返返！"

慧能拾起禅杖，打了他一下。神会毫不躲避，只是高声问："和尚坐禅时，是见还是不见？"

慧能又杖打了三下，才说："我打你，是痛还是不痛？"

神会答："感觉痛，又不痛。"

"痛或不痛，有什么意义？"

神会答："只有俗人才会因为痛而有怨恨之心，木头和石头是不会感觉到痛的。”

“这就是了！生命是要超越一切世俗观念，舍弃一切尘想与贪欲。见与不见，又有什么关系？痛与不痛，又能怎样？无法摆脱躯壳的束缚，还谈什么生命的本源？”

慧能又说：“问路的人是因为不知道去路，如果知道，还用问吗？你生命的本源只有你自己能够看到，因为你迷失了，所以你才来问我有没有看见你的生命。生命需要自己把握，何必问我见或不见？”

神会默默礼拜合十。

我们不停地追问生命的意义，不停地思索活着到底是为了什么，但始终想不出答案。其实，生命是一种精神存在，肉体只是它的外在表现，如果我们能舍弃所有的贪念与尘想，超越一切世俗观念，也就找到了生命的意义。

有人说，我们生在红尘，怎么可能超越红尘，怎么可能不把红尘留恋？天天有这么多烦恼，痛苦与快乐纠缠，怎么可能淡泊名利，超越世俗？

有痛苦有烦恼，是因为人把这一生都耗费在干扰别人、伤害别人、毁谤别人、批评别人身上了，很少静下来了解自己，思考自己。每天睁开眼都是别人的错，一张嘴都是别人的不好。不了解生命的人，生命便会惩罚他，于是他终日苦恼烦忧，倍受煎熬。

所以，我们要学会忍耐。忍耐，不是别人骂了你一句，你表面上没什么动静，心里却恨不得将对方千刀万剐。这种忍只会使你觉得自己愈加痛苦，真正的忍看淡这一切，这样又何来屈辱呢？当人放下一切外在杂念时，那些看似无法承受的事，你都可以一笑了之，不会再与人计较，也不会再怨天尤人，因为你的心里是平静快乐的。

如何寻找生命的意义，是件仁者见仁、智者见智的事，需要我们自己去感悟。总而言之，不要没事找事，有事就尽力去做，保持一颗平常心，安详地吃饭睡觉，也许这才是生命的真义。

人生最要紧的是心灵，而非五官肢体

从悦禅师参访守智禅师的时候，对谈不到几句，守智禅师就批评他道："看你虽然是长沙道吾山的首座，但是谈吐竟如醉人一样！"

从悦面红耳热地答道："请和尚慈悲，不吝开示！"

守智禅师问道："你曾参访过法昌禅师吗？"

"学人看过他的语录，已经融会在心，因此没有参访。"

守智禅师再问："你曾参访过洞山克文禅师吗？"

从悦不屑地回答道："洞山克文吗？终日疯疯傻傻，拖一条布裙，浑身尿臭气，算不上大德禅者！"

守智禅师庄严开示道："禅在那里！你就往尿臭气去参！"

从悦看守智禅师说得很认真，就依守智禅师的指示，去参访洞山克文禅师，因而深领奥旨，便回来感谢守智禅师。

守智禅师问道："你去参访克文禅师如何？"

从悦诚恳恭敬的禀告道："若不得禅师指示，此生就蹉跎了，故特来礼谢！"

守智禅师道："礼谢什么？礼谢尿臭气好了。"

以貌取人是人间通病，以穿着取人更是肉眼常见的事例。

我曾听到一个售楼部的故事："有次年前我值班，一家四口来看房，老公用自行车带着怀孕的妻子，他的老丈人用一个三轮车带着老伴。他们要求看实房，大冷天我根本不想带他们上楼，主要是我觉得他们买不起这房子，因为这个项目算是中高档价位，一般的家庭承受不了。但他们一看到房子就开始商量，好像已经成了自家的房子似的，我根本没在意，但没想他们非常痛快地签了合同，而且是一次性付款。"

如果单纯地从外在观察一个人，很有可能看不出什么，很容易被真实情况误导。《史记·仲尼弟子列传》中记载圣人孔子"以貌取人"而看走眼的故事。

众所周知，孔子弟子很多，其中有一个叫宰予的，能说会道，很善言辞。一开始，他给孔子留下的印象不错，但慢慢就露出了真相，不仅人很坏还很懒，整天就知道睡大觉不读书听讲，孔子骂他是"朽木不可雕也"。而另一个弟子子羽长得非常难看，想侍奉孔子，但孔子觉得他资质低下不能成才，所以就对他十分冷淡。子羽只好退学回去自己钻研，修身实践，后来成了一位很著名的学者，名气很大。孔子听说这件事之后感慨地说："以言取人，失之宰予；以貌取人，失之子羽。"意思就是说，不能以一个人的言谈、外貌来衡量一个人，这样很可能就会犯下大错误。

一个穿着华丽的富人，和一个穿着肮脏的穷人在佛祖眼中都是一样的，之所以有区别也是人为的区别。人看人，通常只看外表，其实英俊潇洒、如花似玉的外表下，往往藏着丑陋的心，而语不惊人、其貌不扬的人，未必就没有一颗温柔善良的心。不要以貌取人，也许穿着短裤在街边小摊上吃早点的人，就是某个部门的领导，或者某家知名企业的老板，而那些满身名牌的人，也许是个每天吃饭都要算计的“月光族”。

人最要紧的是心灵，而非五官肢体。当然，“佛靠金装，人靠衣装”，任何事物经过“装饰”后就会显得更加完美，我们自身的打扮也要符合社会的审美要求，符合自己的身分与地位，不要给别人造成不美的视觉影响，三十岁之前不能改变长相，但三十岁之后就要对自己的气质负责了。

让花朵保鲜的最好方法，莫过于每天换水

有一位虔诚的佛教信徒，每天都从自家的花园里采撷鲜花到寺院供佛。一天，当她正送花到佛殿时，碰巧遇到无德禅师从法堂出来，无德禅师非常欣喜地说道：“你每天都这么虔诚地以香花供佛，依经典记载，常以香花供佛者，来世当得庄严相貌的福报。”

信徒非常欢喜回答道：“这是应该的，我每天来寺礼佛时，自觉心灵就像洗涤过似的清凉，但回到家中，心就烦乱了，我们一个家庭主妇，如何在烦嚣的城市中保持一颗清净纯洁的心呢？”

无德禅师反问道：“你以鲜花献佛，相信你对花草总有一些常识，我现在问你，你如何保持花朵的新鲜呢？”

信徒答道：“保持花朵新鲜的方法，莫过于每天换水，并且于换水时把花梗剪去一截，因花梗的一端在水里容易腐烂，腐烂之后水分不易吸收，就容易凋谢！”

无德禅师道：“保持一颗清净纯洁的心，其道理也是一样，

我们的生活环境就像瓶里的水，我们就是花，唯有不停净化我们的身心，变化我们的气质，并且不断检讨，改进陋习、缺点，才能不断吸收到大自然的精华。”

信徒听后，欢喜作礼感谢道：“谢谢禅师的开示，希望以后有机会亲近禅师，过一段寺院中禅者的生活，享受晨钟暮鼓，菩提梵唱的宁静。”

无德禅师道：“你的呼吸便是梵唱，脉搏跳动就是钟鼓，身体便是庙宇，两耳就是菩提，无处不是宁静，又何必等机会到寺院中生活呢？”

只要自己抛开杂念，人生哪里不可宁静呢？如果你的欲望比太平洋还深，那么就算住在深山老林，一样安静不下来。

在这个充满欲望的社会中，抛弃一切杂念真的很难。我们多数人都不能免俗地要追求一些遥不可及的东西，诸如物质上的富贵名利，精神上的情欲，等等。但我们要克制自己，保持内心的平静与纯真，从而做到出淤泥而不染。

鼎州禅师与沙弥在庭院里修行，突然刮起一阵风，从树上落下好多树叶。禅师弯着腰，将树叶一片片捡起来，放在口袋里。一旁的沙弥说道：“禅师！不要捡了，反正明天一早我们都会打扫的。”

鼎州禅师不以为然地道：“话不能这样讲，打扫，难道就一定会干净吗？我多捡一片，就会使地上多一分干净啊！”

沙弥又问道：“禅师，落叶那么多，您前面捡，它后面又落下来，您怎么捡得完呢？”

鼎州禅师边捡边说道："落叶不光是在地面上，落叶在我们心地上，我捡我心地上的落叶，终有捡完的时候。"

鼎州禅师捡的落叶，不如说是在捡心里的烦恼，大地山河有多少落叶不去管它，心里的落叶捡一片就会少一片。

在生活中，无论遇到什么不平的事，不要让它扰乱了你的心。凡事都像无常的风雨，只一阵就过去了，地上的落叶，扫扫就没有了，不会有痕迹。如果不小心落下酸痛的心事，一定要想办法扫干净。只有扫干净了，才可舒展地活着。

世无净土，净土只在心中，只有心的宁静，才是真正的宁静。

忘掉不切实际的幻想，烦恼自会除

石梯禅师有一次看到侍者拿着钵，往斋堂方向走去，就唤住道：“你到什么地方去呀？”

侍者回答道：“到斋堂去！”

石梯禅师不以为然，训斥道：“看你手里拿钵，我怎会不知你要到斋堂去？”

侍者反问道：“禅师既然知道，那么又为什么要我回答呢？”

石梯说出主题是：“我是问你本分事。”

侍者庄严地回答道：“禅师若问我本分事，那么我实在是要到斋堂去。”

石梯拍掌赞道：“你实在不愧为我的侍者！”

香港特首曾荫权在宣布就职时，对记者说了一句话：“我会好好打好这份工！”听惯了豪言壮语，对于这样一句实实在在的话感觉很好笑，作为香港政府的第一要人，居然如此低调，低调到看起来有点被动和悲观的地步。但后来想想，这么说其实一点都不失分寸。

受任一份工作，担当某个职位的时候，应尽的本分就是做好规定的内容，尽心尽力将工作中要求的细节做好，以求为整个团队添砖加瓦。这话听起来容易，做起来却很难。有时候我们会在工作中遇到很多问题，人事上的纷争，客观存在的困难，以及其他致使工作无法正常开展的原因。这时候不妨问问自己：我是否已把手头的工作做好？如果不能控制以后的变动，是不是可以先控制自己能掌握的那部分？

无论遇到多大困难，你都不要轻言放弃，因为完成工作之内的事是你的本分，连本分事都不能做好，你还想做什么呢？要知道，一个人的发展既需要能力，也需要机遇。机遇有客观存在的，也有自己主动争取得到的。无论如何，每个人都应该面对现实，活在当下，不回避问题，从本分事做起。

不要再问："为什么有的人不喜欢我？""为什么有的人不理解我？""为什么会是这样？"不喜欢不需要任何理由，喜欢也不需要任何理由；理解不需要任何理由，不理解也不需要任何理由。缘分就是缘分，不需要任何理由，不需要解释。

行你该行的，做你该做的，说你该说的，这就是本分。

心宽之人，看世界满是鸟语花香

有位老禅师，一日晚在禅院里散步，突见墙角边有一张椅子，他一看便知有位出家人违犯寺规越墙出去溜达了。老禅师没有声张，走到墙边，移开椅子，就地而蹲。

过了一会儿，果真有一个小和尚翻墙，黑暗中踩着老禅师的背脊跳进了院子。当他双脚着地时，才发觉刚才踏的不是椅子，而是自己的师傅。小和尚顿时惊慌失措，张口结舌。

但出乎小和尚意料的是，师傅并没有厉声责备他，只是以平静的语调说："夜深天凉，快去多穿一件衣服。"

老方丈平和宽容的语气彻底感动了那位小和尚，以后再也没有违反寺规私自出寺。

我们每天接触的人和事不计其数，有一两件不愉快也是很正常的。那这时我们应该怎么处理呢？大发雷霆跟使你不愉快的人打一架？如果是这样，你的心情可能会因此跌入低谷，而不会因为赢了对方而高兴。那本来心存愧疚的一方呢，经过这一番折腾可能就会对你记恨，这样你就结下了一个仇家。

假如老禅师把偷偷外出的小和尚抓到大堂，先大刑伺候，再面壁思过，那么很有可能使他不服，说不定思过的时候，就在思考着下次如何偷偷出去才不会被发现。如果说禅师没有惩罚小和尚是宽容，那么嘱咐他“天凉加衣”则是爱。宽容是原谅别人的过错，被宽容者可能会麻木，爱则能使被爱者温暖。如果宽容是可以抚平内心创伤的手指，那么爱更是抵御伤害的最好盾牌。

唐朝名将郭子仪屡建奇功，是辅佐四代国君的元老，直到 84 岁才告别沙场，天下因有他而获得安宁达 20 多年。当时战火纷飞，当朝的得势大臣鱼朝恩指使手下盗挖了郭子仪父亲的坟。祖坟被盗这在古代可是相当严重的事，所以事情发生后朝廷内外十分紧张，担心郭子仪不会草草了结，甚至会发生政变。但郭子仪并没有报复，甚至在皇帝提起此事时，他只是大哭着说：“我长期带兵打仗，我手下有多少士兵刨挖了别人的祖坟呢？现在轮到我了，这是应得的报应啊！”

面对祖坟被挖都不发火不愤怒，是何等人才有的胸襟啊！不管别人是有意犯错还是无意犯错，都要宽容他，爱他。这个世上并没有绝对的坏人，只有不小心犯错的糊涂人。每个人都有更多机会，尤其是在做错事的时候，如果不给人机会，那天底下怕是没有一个人有资格活着了。

一个宽容的人，到处都可以抓住契机；

一个宽容的人，看世界满是鸟语花香。

能开门的只有你自己

建仁寺的方丈默雷大师有个名叫东阳的小徒弟，年方十二岁。他见师兄们每天早晚都到大师禅室中请求参禅开示，方丈给他们公案，用以止息杂念。于是，他自己也想参禅。

“等等吧，”默雷大师说，“你的年纪太小了。”

但这孩子坚持要参，大师也就同意了。

到了晚上参禅的时候，东阳走到方丈门口，敲了一下锣，恭恭敬敬地磕了三个头，然后入室，非常严肃地在大师一旁坐下。

“你可以听到两手拍掌的声音，”默雷说。“现在给我举示一只手的声音。”

东阳鞠了一躬，返回寝室后，用心思量这个问题。他从窗口听到了艺妓演奏的乐音。“啊！”他叫道，“我会了！”

第二天早晨，当他的老师要他举示只手之声时，他便演奏了艺妓演奏的那种音乐。

“不是，不是，”默雷说。“那并不是只手之声，你根本没有得到。”

东阳心想，那种音乐也许会打岔，因此，他就将住处搬到了一个僻静的地方。“什么是只手之声？”思量之间，忽然听到了滴水的声音。

当他再度来到老师面前，便模拟了滴水的声音。

默雷大师说：“这是滴水之声，可不是只手之声。再参！”

东阳打坐谛听只手之声，毫无所得。他听到了风的鸣声，但这也被批驳了。

他听到了猫头鹰的叫声，但也被驳回了。

只手之声也不是知了（蝉）之声。

东阳到默雷那里一连跑了十多次，每次各以一种不同的声音提出应对，但都被否决了。到底什么是“只手之声”呢？他几乎想了一年的工夫，始终找不出答案。

最后，小小的东阳终于进入了真正的禅定，在禅定中超越了一切声音。“我再也不能东想西想了，”后来他解释说，“从此，我终于抵达无声之声的境地。”

东阳已经体会到“只手之声”了。

曾有朋友问我：“你怎么不喜欢讲话呢？”

我说：“每个人都在说话，总有人要听吧！”

其实，谁没有话想说呢？只是说得太多能怎么样呢？我认为，倾听比说话更重要。倾听可以减轻他人的苦恼，帮助他人理清思绪，是解决冲突、矛盾的最好方法之一；还可以取人之长、补己之短，同时防止别人的缺点错误在自己身上出现。当认真倾听别人的时候，就暂时忘却了自己，忘了自己的烦恼。

人很难做到忘我，所以说，只手之声，只能靠自己去领悟。

赵州禅师曾经担任伙房的烧火僧。有一次，他关上伙房门，烧得满屋是烟，在里面大声喊道：“救火啊！救火啊！”不一会儿，许多僧人都跑了过来，赵州禅师对他们说：“你们说得出，我就开门！”众人都无以应对。只有南泉禅师把钥匙从窗户递了进去，赵州禅师这才打开门。

别人最多只能送给你一把钥匙，能开门的只有你自己。别人说出来的仍是别人的，只有自己悟出来的东西，才是自己的。而只手之声，又何尝是别人能教得出的？

“只手之声”还有一个意思，就是没有自我意识。我们普通人不能做到绝对的忘我，但可以做到暂时忘我。“不识庐山真面目，只缘身在此山中”，很多影响自己情绪的事情，经常是“当局者迷，旁观者清”。旁观者清并不是因为他比当局者更聪明，而是因为当局者被情绪影响到了理智，无法理性地分析当前的事情与局势，以致于无法做出正确的判断。

这时，我们应该先暂时抽身出来，试着以一个旁观者的角度，客观地去分析事情造成的原因，然后思考自己所处当前位置的话，会做什么样的打算，采取什么样的行动。这样一来，内心就能淡定，做出的判断自会理智。

老子在《道德经》开篇写“道可道，非常道；名可名，非常名”，到底要告诉我们什么呢？意思就是说，运用在一件事情上的方法，对另一件事情可能并不完全适用甚至是完全不适用。凡是固化的东西，都会变成教条主义。

因此，在解决事情时，不要太执着于一种方法，从前有效的方法在这件事上未必有效，必须适应当下的实际情况。在权衡利弊后，我们要对症下药。但是，对症下药的前提是要认清形势，否则下的药就会有偏差，甚至是南辕北辙。

第十一章

孝慈仁善是立身之本——世上最不能等的事情

不要说等我有了钱如何如何，有了时间如何如何，有了大房子如何如何……什么都能等，只是尽孝不能等！岁月不等你，自然规律不等你，父母不等你，因为他们老了，什么都可能发生，一朝离去，你等来的可能是终生的遗憾和悔恨，连弥补的机会都没有！

世界上最不能等待的事情

黄檗禅师出家后，认为“必须放弃恩情，达到无为时，方才是真实的报恩”，因此过了三十年禅者的生活，却从来不曾回过俗家，探望亲人，但他内心深处，非常记挂年迈的母亲。五十岁时，有一次在参访的旅途中，不自觉地就往故乡的方向走去。

母亲也思念出家的儿子，可是毫无音讯，每天从早到晚哀伤地哭泣着，把眼睛都哭得失明。为了想念儿子，母亲就在路旁设个茶亭，不但亲自招待过往的云水僧，并且亲自迎到家中，为他们洗脚，以示礼敬；另外还有一个原因，那就是因为黄檗禅师左脚上有颗大痣，她眼睛虽瞎了，但希望凭万分之一的洗脚机遇，或可认出谁是他的爱子。

这一天，黄檗禅师也接受了母亲的招待。他一边让母亲洗脚，一边向母亲述说佛陀出家的故事，希望母亲能因此得到信仰、安心。黄檗禅师只将右脚给母亲洗，却不把左脚给母亲洗。

黄檗禅师接连二次返家，虽然觉得难舍难离，但还是忍痛起程云游行脚，继续参访。邻居们忍不住将这个事实，告诉他的母亲说，那个向你讲佛陀出家故事的人，就是你经常盼望的儿子。母亲听后几近疯狂地说："难怪声音好像我儿！"说后就追上去，一直追到大河边。不巧，这时黄檗禅师已经上船，而且船也开动了，母亲情急跳到河里，非常不幸地淹死了。

黄檗禅师站在对岸，看到母亲失足落水溺死的情形，不禁悲从中来，恸哭着说道："一子出家，九族升天；若不升天，诸佛妄言。"

黄檗禅师说后，即刻乘船返回，火葬母亲，说一偈曰："我母多年迷自心，如今华开菩提林，当来三会若相值，归命大悲观世音。"

在黄檗禅师说偈的时候，乡人都看见他的母亲在火焰中升空而去。

有一次，世界首富比尔·盖茨在飞机上接受意大利《机会》杂志记者采访。记者问他："世界上最不能等待的事情是什么？"比尔·盖茨没有回答记者常常听到的"商机"二字，而是说："天下最不能等待的事情莫过于孝敬父母！"

"我们为什么非得那么忙？我们为什么非得等什么都来不及了才想起双亲……"这是中央电视台曾播出的尊老主题公益广告的一句话。这句话堪称箴言，撼人心魄，发人深思。有些人本应孝顺父母，可他却不尽孝道，认为孝顺父母是落伍的思想，认为父母养育子女是应尽的责任和义务。这种思想大错特错。

生活贫穷不是不能尽孝的理由，工作繁忙也不是逃避责任的借口。

父母期待的并不是所谓的荣华富贵，他们的需要简单而又简单，只要听到我们亲切的声音，看到我们熟悉的身影，收到我们平安的消息……不要因为忙于事业而忘记看望父母，也不要为那些没完没了的应酬而拒绝父母的“邀请”。要知道，放下电话的一刹那，他们的心也是凉的。

不要说等我有了钱如何如何，有了时间如何如何，有了大房子如何如何……什么都能等，只是尽孝不能等！岁月不等你，自然规律不等你，父母不等你，因为他们老了，什么都可能发生，一朝离去，你等来的可能是终生的遗憾和悔恨，连弥补的机会都没有！即使有一天你真的发达了，与他们又有什么关系？他们可能早已离你而去，那才是忏悔无门！

“树欲静而风不止，子欲养而亲不在”，不要等到一切都已为时已晚才恍然大悟。“孝”并不是要做多么惊天动地的大事，即便我们给不了父母多大的物质帮助，只要孝心常在，平时多看望老人几次，多打几个电话，多拉几句家常，多听几句唠叨，多帮老人解决一些实际困难，他们就已经很满足了。

其实尽孝并不难，你只要用对待自己子女三分之一的感情和精力去对待父母，您就会成为一个人见人夸的大孝子！

为什么现代人感觉人性越来越冷漠

有人问赵州禅师："大师福慧双修，德行圆满，百年之后还会下地狱吗？"

赵州回答："最终还是得下地狱。"

人又问："以师父您的修持德行，怎么还会去地狱呢？"

赵州说："我若不下地狱，谁来教化济度你呢？"

曾几何时，我们总是说着人性的冷漠。城市里会出现邻居十年不相识的情况，大家每天就是上班下班，挣钱、休息，你是你，我是我！我们总是感叹，现在的人都是以自我为中心，少了很多温馨感人的场面。

看到一则新闻，说有人要跳楼，却还有人偷拍取乐。看客们的冷漠让人心寒。据一项调查显示，我国每年跳楼而死的人当中，有70%的人都是被看客们鼓动、讥讽而悍然跳下，最终丧命。看客的心理让人费解，但不难看出的是，这些跳楼或"出事"的当事人是与看客无关的人。因此他们来调笑娱乐一番，给自己那平淡的日子带来些许刺激。但试问，如果下一次事件中，主角是你的亲人或是你自己，你还会无动于衷吗？

所以，从某种意义上说，社会之所以冷漠，同样有你的一份“功劳”。你是否主动向这个社会献出自己的温暖和爱心了呢?

越是冷漠的社会，舍己为人的英雄总是让人敬佩。汶川地震中有太多舍己为人的事例。比如，一位武警为救别人，而让妻子、女儿死于地震中；一位护士患有心脏病，可是她却几天几夜不下火线，最终倒下了；一位老师为救孩子，被压到废墟底下。像这样舍己为人的事还有很多。

不过，要注意的是——舍己为人不是盲舍，并不是说看到有位小孩落水，你明明不会游泳却要跳下河送死。舍己为人，要量力而为。如果说你明知自己没有救人的能力还要往里跳，那这种人只会被人当成一个傻子，为什么不想想有没有其他的办法呢?社会是需要有血性、有道德、有勇气的一群人，但不会游泳还要下水救人，一介武夫撑到最后也只是炮灰。

善恶皆在一念间——洁身自好走正道

一日，佛祖闲来无事，从地狱之井向下望去，只见无数生前作恶多端的人正因自己的邪恶而饱受地狱之火的煎熬，脸上写着无比痛苦的表情。

此时，一个强盗看到了慈悲的佛祖，马上乞求佛祖救他。佛祖知道这个人生前是个无恶不作的大盗，他抢劫他人财物，任意屠杀生灵。但是，他也不是一次善事都没做过。有一次他走路的时候，正要踩到一只小蜘蛛时，突然心存善念，移开了脚步，放过了那只小蜘蛛，这成了他一生中罕见的善业。

想到这里，佛祖认为他还有一丝善心，于是决定用那只小蜘蛛的力量来救他脱离苦海。

佛祖从井口垂下去一根蜘蛛丝，大盗像发现了救命稻草一样拼命抓住了那根蜘蛛丝，然后用尽全力向上爬。可是其他在井里深受煎熬的人看到以后，也都蜂拥着抓住了那根蜘蛛丝。无论大盗怎么恶言相骂，他们就是不肯松开双手。

蜘蛛丝上的人越来越多，大盗因为担心蜘蛛丝太细，不能承受这么多人的重量，从而将自己脱离苦海的唯一希望毁坏，于是便用刀将自己身下的蜘蛛丝砍断了。结果，蜘蛛丝突然消失，所有人又重新跌入万劫不复的地狱。大盗连最后的一点怜悯都没有了，佛祖怎么会救他呢?

其实，既然蜘蛛丝是佛祖抛下来的，又怎么会断呢?

无论善还是恶，皆有大小之分，做大善不行大恶，这是谁都懂的道理。可善小不屑于为之，恶小能否为之，一直以来人们对此认识却不统一。尤其是在某些人眼中一些不值一提的“小恶”，更因其“微小”而被轻视。

三国时期，刘备在临终前嘱咐儿子：“勿以善小而不为，勿以恶小而为之。”这对现代人仍然有着激励作用，引导人们积善扬德、洁身自好走正道。

比如，有的人理直气壮地称，只要犯法的事不干，小打小闹地占点公家的钱物，根本算不了什么。还有些人，喜欢拿自己的“小恶”同那些杀人放火、坑蒙拐骗的行为相比，认为自己比起他们，这点小错算得了什么? 正是这种“小恶无害论”，使得他们错误越犯越大，最终走向犯罪的深渊。

苹果是从针孔般的小黑点开始溃烂的，铁锅是从一斑锈蚀开始洞穿的。很多事情看起来很小，就是因为小，往往被人忽视。生活中有很多因为小事情随便处理，结果酿成大祸，这种事情并不鲜见。

常言道：“善有善报，恶有恶报，不是不报，时候未到。”再精明的伪装总有被揭穿的一天，再狡猾的狐狸总有露出尾巴的一刻。一个人的小恶不能得到及时克制，到了欲壑难填、无所顾忌时，危险自然不期而至。千万不要忽视小善与小恶，你可以因为一件小善救了自己，也可以因为一个小恶而带来不可想象的后果。

很小的善，可能拯救众多的生命；很小的恶，可以毁了一个人最大的希望。

行善就像呼吸、吃饭、睡觉一样自然

达摩禅师从印度来到中国宣扬佛法时，会见了梁武帝。

当时梁武帝问："我自从登上帝位以来，度人为僧，建造寺院，抄写佛经，雕画佛像，有什么功德呢？"

大师答："没有功德。"

武帝问："为什么没有功德？"

大师答："这只是生死轮回场里的小功果，由俗世因缘造成，如同虚影跟随形体一般。虽有好的因缘，却并非永恒的真实。"

武帝问："什么是真正的功德呢？"

大师答："清净智慧，达到妙圆境地，一身自然空寂。这样的功德，不是在俗世所能求得的。"

武帝又问："什么是佛圣第一义？"

达摩大师答："空空寂寂，并无佛圣。"

武帝问："和我应对的是谁？"大师答："不知道。"

武帝不能领会达摩的话，变了脸色，不再言语。达摩心知武帝不契禅机，于是悄悄渡过长江，进入北魏。

善行有大有小，大如往灾区捐巨款，小如公交车上让座。但善行不在于大小，而在于用心的程度。如果用心，看起来很小的善行也会带来很大的回报，如果不用心，那么即使是大善同样无用。

有一名中学教师给困难者资助了一点钱。按理说钱不在多少，有一份善心就好。没想到这个教师居然不断催促受助者写封表扬信送到学校去。更为荒唐的是，当人家向学校写了信，他也如愿以偿地受到褒奖之后，竟然以自己遇到困难为由，从受助者那里又把钱要了回来！

这种做法实在是荒唐，可见他当初掏出的那份钱根本就不是出自善心，而只是沽名钓誉罢了。在这里，看不到一丝一毫的同情与仁爱之心，居心叵测以至于此，实在是对善行的玷污！

古人有言："有心为善，虽善不赏。"这里的"有心"，可以理解为"刻意""故意"或工于心计，换句话说为善只不过是一个幌子或道具，隐藏在背后的是别有所图。自觉自愿的善举，就象呼吸、吃饭、睡觉一样，自然而然的"无心"为善，并不图求对自己有所回报，才是慈善的最高精神境界。

如果所谓的帮助，只是出于自己的私心，只为追求将来的报答，或者其他什么目的，那么这种"善"只是一种交易；只有出于自己的本心，这才是真正意义上的善。若做了善事就搞得与作秀一般，便有自伐炫耀的嫌疑，这正暗合了老子的论断——"自伐者无功"。

将慈悲心化为具体的行动

有兄弟三人，虽然没有出家，但是喜好打坐参禅。时日一久，为了求更高的悟境，他们相约一起外出行脚云游。

有一天，他们在日落时借宿于一个村庄，恰巧这户人家的妇人刚死去丈夫，带了七个子女生活。第二天，三兄弟正要上路，最小的弟弟就对两位哥哥道："你们两位前往参学吧！我决定留在这里不走了。"

两位哥哥对于弟弟的变节非常不满，认为太没有志气，出外参学，才见到一个寡妇就动心想留下来，气愤地拂袖而去。

寡妇看到三弟一表人才，就自愿以身相许。三弟说："你丈夫刚死不久，我们马上结婚实在不好，你应该为丈夫守孝三年，再谈婚事。"

三年以后，女方提出结婚的要求，三弟再拒绝道："如果我和你结婚实在对不起你的丈夫，让我也为他守孝三年吧！"三年后，女方又提出要结婚，三弟再度婉拒道："为了彼此将来的幸福美满，无愧于心，我们共同为你的丈夫守孝三年再结婚吧！"

三年、三年、再三年，经过九年，这户人家的小儿、小女都长大了。三弟看到助人的心意已完成，就和妇人道别，独自步上了求道的路。

一个妇道人家要独自抚育七个年幼的孩子实在不容易，幸好有三弟自愿帮助她。三弟虽然不入山打坐，却为一家孤儿寡母服务，何尝不是一种至高的境界？

善心是做善事的根本，如果一个人没有善心，他能去做善事的可能性有多大？而有了善心，就会主动地去行善。善即为慈悲，慈悲心即为善心，善心是基础，如果一栋大楼没了基础，它还能存在吗？正所谓“皮之不存，毛将焉附”？

做人，首先要有善心。见到需要帮助的人，尽力帮忙，这就是真善。比如，一个有善心的人见到街上出了车祸，本来可以帮得上忙，但他没有行动，只是心存善念：你真可怜，自个儿爬起来吧。这算什么善？简直是可恶！

有人说，有善心没善行跟经济实力有关。那么，一个善良而没钱的人，他可以长连累月地默默行善，这何尝不是很大的善行呢？问天下有几人可以做到？一些靠勤奋积累财富的人，愿意对世人行善，这何尝不是有善心做基础呢？没有善心的人是根本不会想到通过行善来积德积福，不是吗？

有时善心和善行很难说清，我们唯有尽量做到关心和帮助周围每一个人，以真正的善心来推动善行的发生，做一个真正的至善之人！

第十二章

生命的真意——人人都要死，但你可以看破它

弟子向禅师问道：“师父，您能不能谈一谈关于生死的事？”

禅师说：“你死过吗？”

弟子说：“我没有死过，所以才向师父请教。”

禅师说：“如果你想知道生死之事，那么你只有亲自死一回才能知道。”

生老病死是自然的过程

庄子的妻子死了，惠施前去吊唁。他到了庄子家中，却发现庄子正蹲在地上，敲着瓦盆唱歌。

一头雾水的惠施问道："你与妻子一起生活，她为你生儿养女，现在年老身死，你不哭也就罢了，竟然还要敲着盆子唱歌，不是太过分了吗？"

庄子回答道："你说的不对。当她将要死的时候，我又怎么会不难过呢？但后来我想清楚了，觉得她本来就没有生命，不但没有生命，而且本来就没有形体；不但没有形体，而且本来就没有精气。万物元始的质体，最初是掺杂于恍惚无形之中，经过逐渐衍变而有了精气，精气又逐渐衍变而有了形体，形体又逐渐衍变而有了生命，现在它又衍变到了死亡。这就像是春夏秋冬四季运行一样。我的妻子将要宁静地睡在天地的大房子里，而我却因为她的离去而哭哭啼啼，这不是不明白生死之道的表现吗？所以我不哭，敲着瓦盆唱歌送她离去。"

在庄子看来，生老病死是自然的过程，就像四季交替一样不可抗拒。人因为留恋生命，所以害怕死亡，于是就带来了精神上的痛苦和悲哀。庄子认为，人是由宇宙大道演化而来的，是道在世间的具体体现形式。人的生命跟自然界中的其他生命一样，从虚无中来又回到虚无中去。一切都是万物的本来面目。

所以，最明智的人生活态度便是顺其自然，你出生到这个世上，就自然而然地活着，没必要庆幸什么；如果死了，就自然而然地回归，用不着为离开人世而苦恼，也不要有太多的留恋。如果一个人能够真正做到这一点，那么他的内心就会充满快乐，如果他对自己、对他人都是这样对待，那么就会坦然一生。

无论任何事情，都要问问自己，真相到底是怎样的？家人离去当然会难过，可是庄子想，我为什么要难过，我难过有没有道理？

后来，庄子快要死的时候，学生们说要帮他好好安葬，老师这一生太苦了。庄子说："千万不要，把我丢到旷野中就好。"学生说："那被老鹰、乌鸦抓去吃掉怎么办？"庄子说："那你们把我埋葬的话，不等于把我从老鹰口中抢过来，给地下的蚁虫吃，何必如此偏心不公平呢？"

能够把自己的死亡说得如此潇洒，必定是一个有境界之人。我们的身体的确只是身体而已，是一具臭皮囊，到老的时候就腐朽了、枯萎了，自然而然地会消亡在尘土之中。你要问一下自己：我这一生就这样结束了吗？如果说人生有一件工作必做的话，那么就是要觉悟人生的智慧。

太多的人每天过着毫无目的的生活，每天早上起床、如厕、洗漱、上班、喝茶、看报纸、吃午餐、看股市行情。下班后，有家的人赶紧回去做饭，单身的就到 KTV、游戏厅等娱乐场所玩乐，直到筋疲力尽才回家，或者回家就打游戏，通宵达旦，第二天再顶着黑眼圈起床……许多人就这样茫然而毫无所获地混过一天。如此日复一日、年复一年地到了某天，人渐渐老了，身上的病多了，却还不觉悟。他从未思索过，有朝一日躺进棺材里，自己什么也带不走。

迷茫的人们该清醒了！你所执着的爱人不是永恒的，你所执著的官位不是永恒的，你所贪恋的金钱更不是永恒的。那么，世间何者才是我们真正的生命呢？智慧才是我们真正的生命。人生的重点不在于你活了多久，也不在于你成就什么样的事业，而在于你活着的时候能否觉悟到人生的智慧。

当你真正忙起来，就不会感觉自己在变老

大智是佛光禅师门下弟子，他在外参学了20年。有一天他终于回来了，刚到寺院，马上就去见佛光禅师，向他诉说这20年来的心得，以便能得到佛光禅师的指点。佛光禅师非常耐心地听他倾诉，眼神中充满了爱怜之情。

之后，大智问佛光禅师："禅师，这20年来，您一直在忙些什么呢？"

佛光禅师道："我每天讲学、说法、写经，我感觉每一天都很美好，每一天都很充实，很快乐。"

大智说："禅师，您这样太劳累了，要多注意休息呀，要多照顾您的身体，要不然您会老的。"

佛光禅师说道："我没有时间老呀！白天，我对一批批来礼佛的信众开示，讲说佛法，回到禅堂还要批阅学僧的书信，除此之外还要写经。每天总有忙不完的事，我哪里有时间觉得老呢？世人有的还很年轻，但心力衰退，他就觉得老了；有的年寿已高，但心力旺盛，仍感到精神饱满，老当益壮。"

清晨，佛光禅师禅房中传来一阵阵诵经的木鱼声，大智被禅师这种孜孜不倦的精神感染了，耳边又传来禅师的话，“没有时间老”！这种面对生活的态度实在是令人敬佩！

有些人还很年轻，但内心已经丧失激情，他就觉得自己已经老了；有的人年寿虽高，但心力旺盛，精神饱满，仍感觉老当益壮。没有时间老，其实就是心中没有老的观念，孔子说过：“其为人也，发愤忘食，乐以忘忧，不知老之将至。”

曾有一位老者，白发苍苍，有人问他高寿，他答四岁，大家惊讶。他说：“过去七十年，都为自己，自私自利的生活，毫无意义，这四年来才懂得为社会大众服务，觉得非常有意义，所以才说活了四岁。”没有时间老，很好，不能阻止自己老的话，做个四岁的老翁，也很有意义。

女人们在一起，谈论最多的是哪个化妆品能延缓衰老，哪种营养品能留住青春，其实这些东西都是无能为力的。时间是残酷而无情的，任何手段都无法抹除岁月的痕迹，如果说有什么驻颜术，那也是良好的心态。如果你能把八十岁当成十八岁来活，你的人生必将更加朝气蓬勃。

人生不过百年，而百年不过一梦。仔细说来，我们常常为时间烦恼着。年幼的时候我们希望时间快快过去，让我们可以快快长大。当时间在不经意间流走一年又一年，我们开始担忧时间的脚步太快。似乎总是这样一种情形，我们越觉得自己老，时间越是走得飞快。

许多无所事事的年轻人，当日子过得太空虚时，就会无聊到时时都在注意着自己在时间中一分一秒地变老。而那些生活充实的人们，哪有多余的时间来想着自己未老先老的心境呢？六七十年，看似很长，可其实又何其短！我们不能空空地来，空空地走，虽然我们不能做出什么惊天动地的大事来，但在平凡的工作中，一样能把人生过得充实而有意义。

热爱今天的生活，珍惜今天的工作，每一天都过得充实而不空洞，那么，哪里还有时间去想“老”这回事呢？别说自己老，没有人会比时间更老。

世事无常，谁也不能预料下一刻会发生什么

亲鸾禅师九岁时，就已立下出家决心，他要求慈镇禅师为他剃度。

慈镇禅师问他："你这么小的年纪，为何要出家呢？"

亲鸾说："我虽九岁，父母却已双亡，我不知道为什么人一定要死亡？为什么我一定要与父母分离？为了探明这个道理我一定要出家。"

慈镇禅师非常嘉许他的志愿，说道："好，我明白了，我愿意收你为徒。不过今天太晚了，待明日一早，再为你剃度吧。"

亲鸾听后，非常不以为然地说："师父，虽然您说明天一早为我剃度，但我终是年幼无知，不能保证自己出家的决心是否可以持续到明天，而且师父您年龄已高，您也不能保证您明早起床时是否还活着。"

慈镇禅师听了这话以后，拍手叫好，满心欢喜说："对，你说的话没错，我马上就为你剃度！"

在这个争分夺秒、日理万机的社会，更需要“想到了就做”，机会转瞬即逝。积极正确的决定，想到了就做，绝不浪费时间，不给以后留遗憾。俗话说，世事无常，世界每时每刻都在变幻，谁也不能预测到下一刻会发生些什么，下一刻会有什么样的念头，下一刻我们是不是还活着。

看到别人的不幸感到惋惜时，也可以借此安慰一下自己，自己身体是健康的，工作是稳定的，日子一天比一天好，虽然压力一天比一天大，但前景总体来讲还是不错的。世事无常，在任何事情面前，平安健康才是最大的福气。

佛陀有一天询问弟子：“我们的生命有多长时间？”一位弟子抢先回答：“数日间。”于是，又再问道：“生命有多长期限？”另一位弟子答道：“饭食间。”“你也不明白。”最后，佛陀再次提出同样的问题，一位弟子举手道：“生命在呼吸之间。”佛陀笑了，生命在呼吸之间，出息不还，即是后世。

生命如此短暂，如此脆弱，我们随时都可能呜乎哀哉！

对我们的父母亲人，想对他们好的时候，今天就去做。世间无常，不要等失去了再后悔。今天的事今天就做，明天还有明天的事要做，只有懂得把握“今天”的人，才给明天创造希望。“今日脱下鞋和袜，明朝不知穿不穿？”生命是无常变化的，没有人知道明天将会如何，如果把每天都当作是生命的最后一天，或许比较容易提起正念，把握当下。

钱财再多买不通死神，亲友再多无法替你去死

生与死是佛学中最热门的话题，因为每个人都会关心生死之事，领悟了生死之事才能真正地成佛。

弟子向禅师问道：“师父，您能不能谈一谈关于生死的事？”

禅师说：“你死过吗？”

弟子说：“我没有死过，所以才向师父请教。”

禅师说：“如果你想知道生死之事，那么你只有亲自死一回才能知道。”

弟子默然。

年轻时候本来是积累知识和财富的时期，但许多青年人却没有斗志，整日浑浑噩噩，没有追求，说自己把红尘看破了，一副与世无争不死不活的样子。甚至有些人不上班，不工作，想要放弃人间的责任，跑到深山老林里去隐居，而他的家人却要辛苦工作，去尽他未尽的责任。

这样的人是不可能干成什么大事的，连现实都不敢面对，还有什么勇气和力量去跟失败对抗、去获取成功呢？还有一些人整日沉迷于网络

游戏之中，游戏里理想的生活，有大片的庄园别墅，有玫瑰鲜花，有风吹草低见牛羊。说是看透了现实，我看不如说是在逃避现实！那些虚拟的东西有什么用呢？一停电什么都结束！虚拟世界里的一切，如梦幻泡影，何其短暂！

所以，我们应该先在现实中好好生活，修出一个健全的身心，而不是当社会的逃兵。我们只有先入世获取成功，而后才有出世隐居的资本。

从我们一出生，其实就在走向死亡。婴儿的蹒跚学步，从本质上说是一步步走向死亡。我们的衰老、生病，都是零星的死亡，是死亡的另一种形式而已。在没有彻悟的人眼中，人生是漫长的，可事实果真如此吗？假如你能活到80岁，也不过就80个365天，也就是29200天，如果把一天当作一块钱，这些钱在大城市连个厕所都买不到。所以人生是非常短暂的，当时间一天天流逝，你才会发现这只是短暂的一瞬。人生就是这样一瞬间，一呼一吸之间。

在这一瞬间的工夫里面，你努力奋斗是一瞬，消极懈怠也是一瞬，死亡无时无刻不陪伴着你，所以怕死实在多余，将生死看淡才是至高境界。生死看淡了，金钱美女、富贵名利都成了身外之物。这不是消极颓废，这是事实。钱财买不通死神，赎不了性命，权势再大也对死神无能为力，名誉威望在死神面前没一点用。临死时，再亲的亲人、朋友，都帮不了忙，谁都无法代替你去死。

关于生死之事，完全不必担心，该来的终归会来，不会来的追也追不到。

超越生死是一种大境界

普化禅师在临济禅师座下，有一天，他在街上向人乞求法衣的布施，信者用上好的袈裟给他，但他又不接受人们供养的法衣。

有人把此事报告临济禅师，临济就买了一口棺材送他，普化非常欢喜地说道："我的衣服买回来了。"

普化立刻扛起了棺材，跑到街上大声叫着说道："临济为我做了一件法衣，我可以穿它去死了。明天上午，我要死在东门。"第二天，普化准时扛着棺材到了东门，一看，人山人海，都想来看此怪事。普化对大家说："今天看热闹的人太多，不好死，明天去南门死。"如此经过三天之后，由南门而西门，由西门而北门，再也无人相信普化禅师的话，大家说："我们都给普化骗了，一个好端端的人，哪里有说死就死？再也不要上他的当了。"

到了第四天，普化扛了棺材至北门，一看，没有几个看热闹的人，就非常欢喜地说道："你们非常有耐心，东南西北，都不怕辛苦，我现在可以死给你们看了。"说罢，普化进入棺材，自己盖好，随后就无声息地离世了。

生之可喜，死之可悲，这是一般人的心态，而禅师则以生死作为玩笑，说生就生，说死就死。所谓生死自如，即超越生死。衣冠如木棺，领会到了精神意志的永远，如此超然，生与死又有什么关系呢？

生死是万物枯荣的自然规律，生命虽长短不一，但却同样遵守这个规律，世人不能探明路途经历，不能预测生命的终点，而禅师只是望尽了天涯路，看到了终点的站牌适时下车而已。百年之后，我们有没有这样的淡定，扛着棺材当法衣自由自在地“游戏人间”呢？如果有的话，也不枉来人间一趟了！

超越生死是一种大境界，我们常常以为生就是不存在事物的开始，死就是存在事物的终结。当我们深入观察事物时，就会看到这个观点是错误的，没有任何事物能从一无所有开始存在，也没有任何存在的事物能在瞬间一无所有。

事物总是不停地渐渐变化着，比如天空中的云没有死，它只是变成了雨，雨没有生，它只是云的变幻和延续。石头、花朵、快乐及痛苦，都遵守这一不生不灭的规律。不要以为我们死后就不存在了，我们只是化成了空气，化成了尘土。

没有永恒不变的东西可以称之为“我”，我们以为那个叫“我”的东西没有生，也没有死。所以我们不要把“我”同身体的健壮或衰老划上等号，也不要把它与时代的变化等同起来。不要被这些形式所束缚，一旦明白这些事物本身就不存在，那么我们就不会再被死亡所恐吓。当觉悟到这一点的时候，就已经超越于生死了。

一旦超越了生死，那么我们就不会再费尽心机与死亡讨价还价，我们可以跟它打招呼，握手致意。有一天，你会发现，坟墓并不可怕，这是一种惬意的休息，否则你如何度过那段漫长的安睡呢？